风积沙粉体混凝土耐久性能及服役寿命预测模型

李根峰　王葳　吴俊臣　申向东　丁选明　著

北京
冶金工业出版社
2021

内 容 提 要

本书系统地介绍了风积沙粉体制备、风积沙粉体改性、风积沙粉体混凝土研制及不同工况下风积沙粉体混凝土劣化进程。全书共分为10章，分别论述了风积沙粉体微细化处理技术、碱激发改性风积沙粉体原理及影响机制、不同强度等级风积沙粉体混凝土研制，以及干湿、冻融、碳化、风沙吹蚀等单一及耦合工况作用下风积沙粉体混凝土劣化损伤机制，并提出风积沙粉体混凝土服役寿命灰色预测模型，在材料选取、实验方法及模型建立方面具有创新性。

本书可供从事风沙资源开发、沙漠化治理、碱激发改性研究、混凝土耐久性能研究等领域的研究人员、工程技术人员阅读，也可作为高等学校土木工程、水利工程等专业研究生、本科生的参考书。

图书在版编目(CIP)数据

风积沙粉体混凝土耐久性能及服役寿命预测模型/李根峰等著. —北京：冶金工业出版社，2021. 8

ISBN 978-7-5024-8894-9

Ⅰ. ①风…　Ⅱ. ①李…　Ⅲ. ①混凝土—耐用性—研究　Ⅳ. ①TU528

中国版本图书馆CIP数据核字(2021)第171903号

出 版 人　苁长永
地　　址　北京市东城区嵩祝院北巷39号　邮编　100009　电话　(010)64027926
网　　址　www. cnmip. com. cn　电子信箱　yjcbs@ cnmip. com. cn
责任编辑　于昕蕾　美术编辑　吕欣童　版式设计　禹　蕊
责任校对　郑　娟　责任印制　李玉山

ISBN 978-7-5024-8894-9

冶金工业出版社出版发行；各地新华书店经销；三河市双峰印刷装订有限公司印刷
2021年8月第1版，2021年8月第1次印刷
710mm×1000mm　1/16；9. 5印张；185千字；143页

58. 00 元

冶金工业出版社　投稿电话　(010)64027932　投稿信箱　tougao@cnmip. com. cn
冶金工业出版社营销中心　电话　(010)64044283　传真　(010)64027893
冶金工业出版社天猫旗舰店　yjgycbs. tmall. com

(本书如有印装质量问题，本社营销中心负责退换)

前　言

面对与日俱增的生态环境压力、产业改革及经济发展的挑战与压力，绿色新型环保类建材的研究开发已变得刻不容缓。为了更好地满足社会需求和经济发展的需要，并为传统胶凝材料产业转型、荒漠化治理、绿色新型替代建材研制、环境友好型功能粉体材料的开发等方面做出有益的尝试，必须进一步深化绿色新型建材的基础知识、理论技术和实际应用的研究和推广。

有鉴于此，本书针对目前“绿色新型建材”研发中所遇到的技术挑战，如原材料选取、材料改性历程研究、改性产物特性分析及实际应用等问题，依据“碱激发改性原理”，从风积沙粉体改性、风积沙粉体混凝土劣化进程研究及风积沙粉体混凝土服役寿命预测三个大方面出发进行讲述。第 1 章为引言，第 2~7 章为风积沙粉体混凝土制备及劣化进程研究，第 8、9 章为风积沙粉体混凝土服役寿命预测研究，第 10 章为展望。

本书主要服务于从事土木工程学科、水利工程学科、安全科学与工程等相关研究领域的学者、工程师、科学技术人员，也可供新型建筑材料研发等专业研究领域的科学研究人员阅读和参考。

在本书撰写过程中，作者参阅了许多相关论著、论文和研究成果，并采纳了其中的一些成果，在此对编著单位和个人致以衷心的谢意。本书特别受到内蒙古农业大学申向东教授、重庆大学丁选明教授等人的悉心指导与建议，特此表示感谢。

“绿色新型建材”研发技术发展迅速，研究内容广泛，书中难免存在谬误之处，恳请读者提出宝贵意见和建议。

著　者

2021 年 5 月

目 录

1 引　　言

1.1 研究背景和意义

1.1.1 研究背景

风积沙又名沙漠沙，是被风吹、积淀的沙层，广泛分布于我国沙漠、戈壁地区，粒径在0.074~0.25mm之间，湿陷性大、松铺系数小，属于特细沙[1]。

中国境内有八大沙漠、四大沙地，是世界上沙漠化土地分布较广的国家之一，现有陆生生态系统也面临着沙漠化的严重威胁[1]。第五次中国荒漠化和沙化状况公报显示，截至2014年，我国荒漠化土地总面积为261.16万平方公里，占国土总面积的27.20%，分布于北京、甘肃、青海、西藏、内蒙古、新疆等18个省（自治区、直辖市）的528个县（旗、市、区），其中新疆、内蒙古、西藏、甘肃、青海5省（自治区）荒漠化土地面积占全国荒漠化土地总面积的95.64%。

内蒙古自治区地域辽阔，全区大部处在干旱、半干旱和亚湿润干旱区，土地荒漠化和沙化严重，是我国荒漠化和沙化土地分布最为广泛的省（自治区）之一。内蒙古自治区西部有堪称“沙漠珠穆玛峰”，面积我国排名第三、世界第四的巴丹吉林沙漠；位于阿拉善盟左旗的腾格里沙漠和形如弓背的库布齐沙漠；位于阿拉善盟和巴彦淖尔市境内的乌兰布和沙漠。此外，中国境内的毛乌素、浑善达克、科尔沁、呼伦贝尔四大沙地也位于内蒙古自治区，区内荒漠化及沙化土地面积达61.77万平方公里，占自治区总面积的一半以上。

土地荒漠化和沙化不仅导致可利用耕地资源减少，土地生产力严重衰退（图1-1），还导致自然灾害发生的频次呈几何级数增加，社会及经济损失严重。同时，党的十八大以来提出了一系列生态文明建设和生态环境保护的新理念、新思想、新战略，要求我们立足人与自然是生命共同体的科学自然观、统筹山水林田湖草系统治理的整体系统观、胸怀建设清洁美丽世界的共赢全球观，党的十九大也提出生态文明建设是中华民族永续发展的千年大计。

国内外商砼产业的蓬勃发展致使作为商砼原材料之一的水泥的生产与消耗量

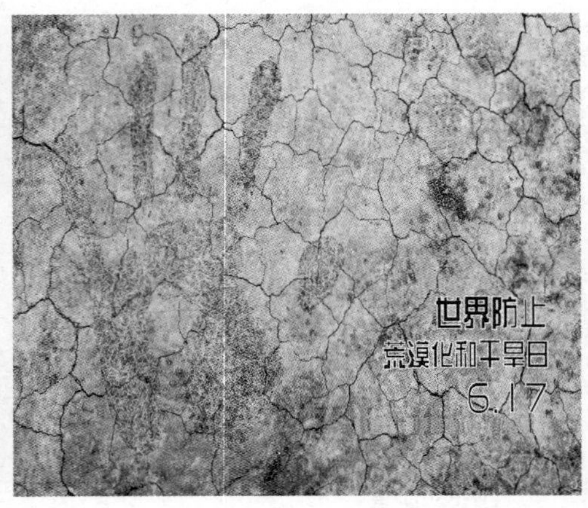

图 1-1　正在消失的土地

也呈几何级数增长，2018 年中国水泥行业发展现状及行业发展趋势分析报告中指出，2017 年全国累计水泥产量 23.16 亿吨，占全球 60%，水泥行业实现收入 9149 亿元，同比增长 17.89%，利润总额 877 亿元，同比增长 94.41%。同时，随着一大批国际及国内基建项目的相继展开，水泥的产生和消耗将达到另一个高峰。但是，水泥作为科技含量低、高耗能产业，其生产过程中产生的资源利用率低、环境保护效果差等问题越来越突出（图 1-2），因水泥生产产生的二氧化碳排放量已占到全球排放量的 5%，氮氧化物、硫氧化物更是高达数百万吨，其迅速发展对资源、环境、生态造成的压力日益凸显，高产能、高效益的背后是巨大的资源消耗和环境污染，而随着《水泥工业大气污染物排放标准》（GB 4915—2013）等一系列更严格的国家标准的公布，高污染、高能耗的水泥行业使人们不得不开始考虑寻找其他的新型的绿色环保型的替代材料。

图 1-2　水泥生产中的高能耗及高污染

粉体行业经过漫长的发展已成为涵盖国民生产、生活方方面面的，跨学科、跨行业的大型支柱产业，在国民经济中占有重要地位。而且当粉体颗粒粒径小到一定程度时，粉体的物性就会发生质变而表现出独特的性能，这正是特性材料所需要的结果，更使粉体行业具备了广泛性、前沿性、实用性的特点。粉体已成为材料科学引人注目的科研领域，合成、制备及使用粉体材料是当今科技界的重点研究课题之一。现阶段，随着国家环境保护战役的打响，各行各业都应积极投入并做出切实有效的响应措施，粉体行业也不能置身事外，应在加快绿色粉体产业链建设的同时，拓展粉体行业领域，在需求迫切的绿色胶凝材料开发方面做出自己的贡献，积极在环境保护、废旧资源再利用及新型材料开发方面做出有益的尝试。

1.1.2 研究目的

荒漠化治理不仅有利于因地制宜地调整产业结构，还有利于保护土地资源，改善生态环境，并促进生态和经济的可持续发展，当前土地荒漠化治理的严峻形势也要求我们多管齐下，多渠道、全方位、深层次地探讨土地荒漠化治理的新方法；水泥行业的发展不仅会产生高污染和高能耗问题，还会造成不可再生的矿产资源的巨大浪费，新型环保替代材料的开发和研制已变得刻不容缓，同时，粉体行业快速发展的刚性需求及绿色粉体产业链建设的迫切需要也要求我们进行新型绿色粉体材料的开发和研制。

研究课题依托国家自然科学基金“风蚀区冻融-盐蚀作用下风积沙混凝土耐久性响应机制研究”（51769025），国家自然科学基金“寒区渠床冻胀与浮石混凝土衬砌冻融耦合的耐久性机理研究”（51569021），内蒙古自治区高等学校博士研究生创新基金“风积沙粉体混凝土形成机理及耐久性研究”（B20171012918）开展研究工作，立足于沙漠沙资源的有效利用、水泥替代产品开发以及新型绿色粉体材料的研制这一现实需求，将这三个问题有机地结合到一起，通过对风积沙进行超微化处理得到风积沙粉体，并根据“碱激发”理论制备风积沙粉体活性矿物掺合料，进而全部或部分替代水泥，制备风积沙粉体混凝土，并对其耐久性、机理及服役寿命进行研究，同时，在室内外试验的基础上进行模型建立，得到风积沙粉体混凝土服役寿命预测模型。

1.1.3 研究意义

风积沙粉体混凝土耐久性能及服役寿命预测模型的研究不仅有利于解决日益严峻的荒漠化问题，降低风沙灾害，保护生态环境，保持土地肥力，保护中华民族生存和发展的空间，挽回巨额经济损失，实现资源和生态的可持续发展和利用。同时，这也有利于将治沙工程与基建工程紧密联系到一起，大幅度降低水泥消耗量，节省资源及能源，且生产过程中不排放二氧化碳，可降低氮氧化物及烟尘的污染，不破坏环境。更重要的是，还可以为粉体行业在环境友好型改性功能粉体材料方面的快速发展提供新的选择，为我国在该领域取得决定性的技术优势和先进地位增添助力。

此外，在建或拟建的工程项目中，有一大批位于沙漠地区或需要通过沙漠地带，如新疆塔克拉玛干大沙漠北缘的“西北油田”、库布齐沙漠与乌兰布和沙漠地区的河套灌区渠道建设项目、中国承建的阿拉伯沙漠地区的吉赞经济城建设项目等，这些沙漠地区工程建设项目附近均具有异常丰富的沙漠沙资源，若能因地制宜、就地取材将极大地降低工程建设成本，社会及经济效益显著。

1.2 国内外研究现状

1.2.1 风积沙理化性质及应用研究现状

1.2.1.1 风积沙理化性质研究现状

风积沙以其独特的理化性质而备受国内外学者青睐，学者们也纷纷从其物理属性、化学属性等方面出发，对其颗粒特性、压实特性、力学特性、化学成分及风沙冲蚀特性等进行了研究，具体如下：

杨人凤等[2]研究发现风积沙具有良好的透水性，最大吸水率不超过1.0%，且几乎不含黏性颗粒，成型较为困难；张展弢等[3]研究发现风积沙的压缩变形小，压缩量与荷载呈指数关系，且回弹模量较大；李万鹏[4]研究发现直剪试验下风积沙的粘聚力基本为零，内摩擦角在30°~40°之间，并且随着干密度的增大，内摩擦角增大；陈忠达等[5]利用振动法研究了风积沙的振动压实特性，发现干燥和最佳含水量状态下，风积沙的最佳振动频率为45~50Hz；蒋晓星等[6]对新疆塔克拉玛干沙漠的风积沙、新疆克拉玛依风积沙和内蒙古腾格里风积沙样品进行了测试，发现风积沙的化学成分均以二氧化硅（65%~86%）、氧化铝（8%~10%）为主，兼有其他的氧化铁和氧化钙等物质，张宏等[7]对科尔沁风积沙的研究也证实了这一点；Daniel R. Muhs[8]对北美洲地区的风积沙进行成分分析时发现K/Rb和K/Ba可用于区分不同的沙丘泥沙来源；1960年Finnie[9]首次提出了微切削侵蚀理论下的冲蚀磨损理论，并分析了延性和脆性材料的材料去除机理，指出固体颗粒在流体流中侵蚀的表面材料量取决于流体流动的条件和材料去除的机理；李根峰等[10]对风沙冲蚀环境下混凝土的碳化特性研究中发现风沙冲蚀作用破坏混凝土表面水泥石结构，使碳化深度增加3倍以上；1966年Finnie和Sheldon[11,12]建立了硬脆材料的冲蚀模型，指出当颗粒尺寸和速度在一定范围内时，脆性材料表现出一定的延性行为。此外，其他学者也对风积沙的运移特征[13,14]、导热系数[15]等方面进行了相关研究，学者们对于风积沙的理化性质已有了较为清晰的认识。

1.2.1.2 风积沙应用研究现状

我国风积沙资源保有量较为丰富，风沙资源的开发及利用问题也被提到了一个新的历史高度。现阶段，风积沙资源的工程开发及应用方面越来越受到国内外众多学者及研究机构的重视，如我国首条大规模使用风积沙填筑路基的，并具有“南疆公路建设病害博物馆”之称的三莎高速公路项目的顺利实施，美国内华达州沙漠研究所（DRI，Desert Research Institute）对风积沙的工程特性进行了深入探讨，内蒙古农业大学工程结构与材料研究所对库布齐沙漠沙在河套灌区模袋混凝土的应用研究，长安大学、西安公路研究所对毛乌素沙漠沙的路用性质进行了研究等，风积沙资源的应用研究进入了蓬勃发展期，以风积沙为原料制备砂浆、混凝土及风积沙混凝土耐久性等方面的研究层出不穷，具体如下：

Zhang Guoxue 等[16]对利用风积沙配置砂浆和混凝土的相关性能进行了研究，发现水泥与风积沙比例大于 1∶2 时才可用于砌筑砂浆，且腾格里沙漠风积沙配制的混凝土工作性能优于毛乌素沙漠；何静等[17]对不同掺量风积沙对水泥砂浆各龄期抗压强度的影响研究中发现，风积沙掺量为 15%时，风积沙水泥砂浆各龄期力学性能较优；风积沙可加速水泥早期水化，提高水泥石基体密实度；吴俊臣等[18]对不同风积沙替代量下的风积沙混凝土的抗冻性的研究中发现，风积沙混凝土的抗冻性能随着风积沙掺量的增加而提高，掺量为 100%的风积沙混凝土的抗冻性最好；董伟等[19,20]对风积沙轻骨料混凝土抗冻性进行了研究，并建立了风积沙轻骨料混凝土直线和曲线双段式相对动弹性模量衰减方程，发现风积沙替代率为 20%时风积沙轻骨料混凝土可达到 25a 的服役寿命；薛慧君等[21]在风沙吹蚀作用对风积沙混凝土抗冻耐久性的影响研究中发现，风沙吹蚀影响下混凝土冻融循环后的内部损伤是未受风沙吹蚀影响下混凝土冻融循环后的 2 倍；王仁远等[22]对轻骨料混凝土在风沙吹蚀与冻融耦合作用下的破坏机理的研究中发现，风沙吹蚀起到“催化”作用，破坏混凝土表面水泥砂浆层，加快了冻融破坏。

综上所述，现有研究主要针对风积沙的宏观物理特性及作为细集料方面的工程应用进行研究，虽然在一定程度上揭示了风积沙的成因、成分及工程应用价值，但对风积沙自身富含硅氧化物的本质属性及潜在胶凝特性的应用和研究方面尚属空白，国内外学者们对风积沙的组成成分及应用方面的研究也较少，风积沙的潜在社会及经济效益尚未得到真正发掘，这既造成严重的资源浪费，也带来巨大的生态压力，阻碍社会的进步和发展，故有必要对风积沙的胶凝特性展开系统的研究与开发。

1.2.2 粉体材料研究现状

粉体[23]是由许许多多小颗粒物质组成的集合体，比表面积较大、颗粒流动性较强，尺度介于 10^{-9}m 到 10^{-3}m 的颗粒，常用粉碎法和研磨法制备。粉体工业发展的核心是使颗粒更加微细化、更具有活性、更能发挥微粉特有的性能，粉体工程学研究的对象也从固体颗粒扩展到液体、气体颗粒的团聚体。

粉体一词最早出现于20世纪50年代中期，但对于粉体的应用早在新石器时代就已经与人们的生产、生活、制造等息息相关了，从远古时代人们将植物的种子加工成粉末、将植物的花茎加工成胭脂水粉等，到近现代大规模的加工利用矿物粉体，再到现代微颗粒、超微颗粒纳米粉体材料的广泛应用，粉体材料的作用与重要性越来越突出。粉体制备设备也从传统的、粗放的、效率低下的颚式破碎机、圆锥式破碎机、反击式破碎机以及自磨机等向机械冲击波式破碎机、离心式磨机等信息化、自动化设备发展。

粉体工程学不仅仅研究粉体的界面性质，还对其表面的动电性质和化学反应等进行深入探讨。国内外各大研究机构对粉体科学格外关注，相继建立了各自的研究开发基地，如美国加州粉体材料研究所、沈阳飞机研究所粉体公司、中意粉体热工研究院、丹东蓝天粉体材料科技有限公司、西安建筑科技大学粉体工程研究所、清华大学粉体材料研究室、南京工业大学粉体科学与工程研究所、江苏省超细粉体工程研究中心、山东建筑大学粉体研究所等，各大科研机构紧跟市场发展潮流，立足新兴工业，积极推陈出新，引导科技创新。2017年，我国粉体产业紧跟国家节能环保、一带一路等方针政策调整步伐，依照《“十三五”节能减排综合工作方案》规定，合理利用矿产资源，在新能源、非金属矿物等新兴产业中蓬勃发展。

在粉体材料广泛应用于非金属矿物产业，以及粉体产业产值逐年递增的大背景下，国内外众多学者及研究机构纷纷对粉体材料在水泥基材料中的应用及拓展进行了研究，并重点对由粉体组成的复合水泥基胶凝材料的理化特性进行了研究，具体如下：

王晓庆等[24]在磨细粉煤灰对水泥基复合胶凝材料的流变性能及硬化性能的影响研究中发现，磨细粉煤灰较小的颗粒能够弥补水泥粉体颗粒中8μm以下较小颗粒的缺乏，使磨细粉煤灰-水泥复合胶凝颗粒形成良好的级配，进而显著提高硬化浆体中后期抗压、抗折强度；高翔等[25]在水泥基纳米胶凝材料渗透性能及孔径分布试验研究中发现，纳米改性水泥基复合材料抗渗性能是传统纤维增强水泥基复合材料及普通混凝土的1000倍以上；方永浩等[26]在超细矿渣粉水泥基胶凝材料的性能与结构及磷石膏的影响研究中发现，50%～80%超细矿渣粉的加入会降低水泥基胶凝材料的早期强度，添加2%～3%的磷石膏后可避免这一问题，且不影响后期强度；丛日竹等[27]在水泥中掺入纳米 ZrO_2 进行水泥净浆实验和砂浆实验时发现，掺纳米 ZrO_2 的复合水泥标准稠度用水量变小，凝结时间变长，且在掺量为0.50%时复合水泥砂浆强度最大；翟梦怡等[28]对锂渣粉作为辅助胶凝材料在水泥基材料中应用的综述中指出，锂渣粉用于水泥基材料需要在活性提高、高含量 SO_3 和多孔结构的改善及利用等方面加强研究；Xue Cuizhen[29]等以建筑垃圾复合粉末配制复合水泥基胶凝材料，并对配制的混凝土工作性能进行研究，发现当建筑垃圾复合粉末用量小于30%时，C25和C30混凝土的28d抗压强度和90d抗折强度有所提高，且抗渗性和抗冻性能也有所提高；Liu Chengbin[30]等利用矿渣细粉复合胶凝材料固化盐渍土时发现，固化剂在盐渍土中与氯反应生成六角板状结晶和针状Kuzel盐结晶，从而在盐渍土不存在一定潜在危害的情况下提高了固化土的强度；Hocine等[31]在回收玻璃粉对高掺量粉煤灰工程水泥基复合材料的强度进行改善的研究中发现，玻璃粉可显著提高其抗压、抗弯强度，且可降低C-S-H结构中的钙硅比。此外，其他学者[32,33]也对功能粉体材料特性、新型粉体材料开发、粉体制备技术改进、粉体材料表面改性技术等方面进行了相关研究。

国内外学者已对由粉体材料配制而成的水泥基胶凝材料应用及理化特性方面进行了大量的探讨和研究，但在废弃资源回收及利用以及环境保护方面还有很长一段路要走，效益比远远不能满足要求。而且，现有研究往往是将粉体材料直接与水泥混合，单纯的物理叠加难以最大程度地发挥粉体材料的微细化特性，同时，随着环境保护法规的进一步完善，新型绿色粉体材料的开发也迫在眉睫，故本研究立足于沙漠沙资源利用及风沙灾害治理，制备风积沙粉体，进而对其改性后研制出新型复合水泥基胶凝材料，以应用于实际生产生活及工程建设中的可行性进行深入的探讨。

1.2.3 "碱激发"胶凝材料研究现状

随着《水泥工业大气污染物排放标准》（GB 4915—2013）等一系列更严格的国家标准的公布，高污染、高能耗的水泥产业使人们不得不开始考虑寻找其他的、新型的、绿色环保型的替代材料，而"碱激发"胶凝材料以其生产过程较为温和，不需要进行高温煅烧，且几乎不产生固态或气态的污染物而受到众多学者青睐。

碱胶凝材料[34]为具有火山灰活性或潜在水硬性原料在碱激发液的作用下所形成的一种具有胶结性质的材料，是一种以硅铝质废弃物为原料的低碳胶凝材料，其制作方法和所使用的原料均不同于普通的波特兰水泥。碱激发胶凝材料在碱激发剂的作用下是一个解聚和重新凝聚的过程，早期通过溶解沉淀机理形成，后期主要由固相反应形成。

人们用碱作为胶凝材料的组分可追溯到1930年，当时德国的Kuhl[34]研究了磨细矿渣粉和氢氧化钠溶液混合物的凝结特性。1940年Purdon[35]首次在实验室对由矿渣和氢氧化钠等组成的无水泥熟料进行了研究，并首次提出"碱激发"理论，认为激发剂会削弱原材料与胶凝结构的相互作用，使其变为低稳定的结构单元，而后发生缩聚反应，形成新的凝聚体。此后，国内外众多学者纷纷展开“碱激发”改性研究，并提出了不同的碱激发模型，如 Palomo 等[36]根据所用原材料的不同，建立了两种碱激发模型，一种是以碱溶液激发高炉矿渣（Si+Ca）为代表，主要产物为水化硅酸钙（C-S-H）等，另一种是以中高浓度碱性溶液激发偏高岭土（Si+Al）为代表，主要产物为具有较高的机械强度的地聚合物。1981 年，法国的 Davidovits[37]将煅烧过的高岭土、石灰石和白云石混合物与碱溶液混合得到胶凝材料，并命名为地聚合物。自此，碱激发理论得到广泛应用，一些以碱激发理论为基础的产品也纷纷面市，如 Sankar 等[38]开发出新型聚合物水泥；Albitar 等[39]对地聚合物混凝土和普通混凝土的耐久性进行评估；史才军等[40]对碱激发水泥的类型和特点进行研究，并综述了 5 种碱激发水泥的成分和特征；李长明、董晶亮等[41,42]用氢氧化钠改性矿粉/砒砂岩复合材料，伍浩良、黄川等[43,44]根据碱激发机理激发矿渣活性，并制备水泥掺合料；朱国振、王健等[45,46]开展碱激发地聚合物的性能研究等。1994 年 Krivenko[47]发现当溶液中碱的浓度足够高时，碱的铝酸盐、硅酸盐和黏土矿物反应形成耐水的水化硅铝酸盐等，同时，法国的 Davidoxits 在 2005 年举办了第三届地聚水泥国际会议，2006 年史才军等出版了碱胶凝材料的第一本专著《Alkali-Activated Cements and Concretes》[34]。

步入 21 世纪，碱激发胶凝材料的开发和研究也在如火如荼的进行，原材料来源越来越广泛，各种工业及生产工程中的固体废弃物逐渐进入学者们的视野，众多学者纷纷以高炉矿渣、偏高岭土、赤泥、磷矿、煤矸石等为原料，应用物理、化学等活性激发方法，开发新型碱胶凝材料，具体如下：

邢军等[48]以高炉矿渣为主要原料，氧化钙为碱激发剂，石膏为添加剂探讨不同石膏用量对氧化钙激发高炉矿渣力学性质的影响，发现石膏掺量为 10%时，试件的抗压性能最佳；马宏强等[49]使用氢氧化钠和硅酸钠作碱激发剂制备煤矸石-矿渣地聚复合材料时发现，碱激发煤矸石-矿渣试件具有更高的早期强度，且随着矿渣掺量的增加水化产物中硅酸盐结构的聚合度增大；姜关照等[50]以碱激发方式为主研究铜炉渣制备矿用胶凝材料的可能性时发现，生石灰对铜炉渣活性的影响最大，早强剂次之，氢氧化钠最小；叶家元等[51]在钙对碱激发胶凝材料的促凝增强作用的研究中发现，除碳酸钙外，含钙物质具有强烈的促凝作用，由强到弱依次为氯化钙、氢氧化钙、氧化钙；Wang Dengquan 等[52]在对碱活化高炉镍铁渣材料的反应机理、工程性能和浸出行为的研究中发现，碱活化反应在很大程度上取决于碱度和硅模量，高碱度和低硅模量使碱活化的高炉镍铁渣材料具有快速的初始放热速率、较高的反应度和更致密的孔结构；Luo Xin 等[53]以氢氧化钠、碳酸钠为碱激发剂，以矿渣、粉煤灰为复合材料，制备了碱活性矿渣-粉煤灰胶凝材料体系，并对其基本特性研究中发现，流变特性和力学性能对碱活化剂温度的变化较为敏感，且当碱活化剂温度为 40℃时，复合胶凝体系凝固时间符合国家标准的要求；Zhao Sanyin 等[54]在碱活性碳酸盐岩水泥基材料的凝结与强度特性的研究中发现，用磨细高炉渣代替 20%以上磨碎的碳酸钙时，氯化钡对碱活性碳酸盐水泥材料有良好的缓凝效果。此外，其他学者们也纷纷发掘碱胶凝材料的功能特性，并系统性研究不同成分的原材料对其性能的影响。同时，环境友好型碱胶凝材料的开发和研制也逐渐进入大众的视野。

综上所述，随着碱胶凝材料技术的日趋成熟，碱胶凝材料在工业、民用建筑工程中的应用越来越广，应用前景广泛，如美国推出了名为 greenstone 的产品并在印度进行工程实践，澳大利亚应用碱激发胶凝材料制备的建筑装潢材料已应用于实际工程，中国应用碱激发胶凝材料粘贴纤维增强复合材料以加固混凝土机构，并进行生土墙改性应用研究。但是，现有的碱胶凝材料力学性能虽然较普通硅酸盐水泥好，但存在收缩性比较大、容易开裂、凝结时间不好控制等问题，耐久性及体积稳定性较差，不利于大规模、全方位地替代水泥等传统胶凝材料，仍需开发新型碱胶凝材料以解决其长期性能不足的问题。

1.2.4 混凝土耐久性损伤失效研究现状

混凝土的耐久性[55,56]是混凝土抵抗环境介质作用并长期保持良好的使用性能和外观完整性，从而维持混凝土结构的安全、正常使用的能力。现阶段对于混凝土耐久性的研究也大多集中在单因素、双因素及多因素耦合作用下对混凝土损伤失效过程及机理进行探讨，而碳化作用、冻融作用、硫酸盐侵蚀作用、氯离子侵蚀作用及多因素耦合作用是影响混凝土耐久性的主要因素，故本节从以下几个方面对混凝土耐久性研究现状进行概述。

1.2.4.1 碳化作用导致混凝土失效研究现状

混凝土建筑物因碳化导致的钢筋锈蚀问题已经及正在给我国乃至全世界带来巨大的经济损失，中国季诗政等[57]对北京河道上先后修建的 130 余座涵闸老化、病害情况进行调查，发现对这些涵闸钢筋混凝土威胁最大的破坏是混凝土碳化引起的构件表面剥落和钢筋锈蚀，需要尽快处理的面积占普查面积 40%，耗资甚巨。美国标准局[58]1975 年对全国因腐蚀而造成的经济损失进行调查时发现，因混凝土碳化导致的钢筋锈蚀造成的损失高达 280 亿美元。鉴于此，国内外学者从不同角度研究了混凝土的碳化机理，发现碳化作用是碱性可碳化物发生碳化反应使混凝土内部碱性降低的过程。同时，探讨了材料、环境、施工等因素对碳化进程的影响，并延伸出了各种各样的理论及经验模型，具体如下：

Gonzalez 等[59]用硅酸盐复合水泥和硅酸盐火山灰水泥配制试件，并对其碳化进程进行观测，发现碳化后硅酸盐复合水泥配制的棱柱体试件碱性高于硅酸盐火山灰水泥；牛海成等[60]对再生骨料类型及其取代率对再生混凝土抗碳化性能的研究中发现，再生混凝土抗碳化性能与普通混凝土相比有所降低，各阶段碳化深度较大，且发展较快；杨建森等[61]对引气硅粉混凝土碳化性能的影响研究中发现，引气硅粉混凝土的抗碳化性并非像普通混凝土一样随着水胶比的降低而增强，水胶比为0.47时其抗碳化性最好；李兆恒等[62]在不同环境下对混凝土碳化深度的影响规律研究，发现混凝土的碳化过程是一个由表及里的过程，二氧化碳浓度越大、温度越高，混凝土碳化深度越大；谭学龙[63]在对影响混凝土碳化的内外部因素分析的基础之上，提出严格控制水胶比、增加保护层厚度、控制新拌混凝土中氯化物含量、表面涂覆隔离层等预防措施来预防混凝土碳化；Shamsad Ahmad 等[64]研究了单一碳化条件下碳化压力和持续时间对混凝土强度的影响，发现加速碳化养护可使试件抗压强度提高200%，二氧化碳吸收量也增加11%；S. Talukdar 等[65]在结构裂缝对混凝土碳化前沿推进的影响模拟研究中发现，有效扩散概念不适用于结构裂缝混凝土，并开发出一个两相串联扩散模型；Chao Jiang 等[66]对疲劳损伤混凝土中碳化现象研究发现，单一碳化环境下，碳化深度与碳化时间平方根的比例关系也适用于疲劳损伤后的混凝土，且碳化速率与低损伤梯度混凝土中的残余应变呈线性变化，在0.002的残余应变下可观察到75%的增加；孙博等[67]分析总结了现有混凝土碳化理论和经验模型，并通过添加模型修正项的方法修正确定性模型的误差，建立混凝土碳化概率模型。

国内外学者对于碳化作用下混凝土的损伤劣化过程已有了较为清晰的认识，但现有研究均是针对常规混凝土进行的基础研究，而对于从资源和环境角度考虑，绿色环保型的新型混凝土抗碳化性能方面的研究略有不足。

1.2.4.2 冻融作用导致混凝土失效研究现状

自1957年 Verbeck 和 Klieger[68]在公开发表的论文中首次对混凝土冻融破坏进行了定义之后，国内外众多学者纷纷对混凝土抗冻性进行研究，并从基础的单一冻融条件下到接近实际工况的冻融与其他工况耦合作用下的混凝土抗冻耐久性进行了大量研究，具体如下：

A. Richardson[69]研究了单一冻融环境下橡胶粒径对混凝土抗冻性能的影响，发现随着素混凝土劣化程度的提高，添加胶粉的混凝土比未添加胶粉的混凝土具有更好的冻融保护作用，且分级小于0.5mm的橡胶粉是最佳的使用尺寸；周茗如等[70]探讨了纤维种类及掺量对混凝土抗冻性的影响，发现随着纤维掺量的增加，混凝土的相对抗折强度、动弹模量显著提高，而相对抗压强度对掺量变化的敏感度较低，且钢纤维对混凝土抗冻性的影响优于聚丙烯纤维；赵爽等[71]研究了碾压混凝土添加橡胶颗粒后的抗冻性，发现与水中冻融相比，橡胶掺量为10%的碾压混凝土在质量分数为35%醋酸钾溶液和25%乙二醇溶液中受到的冻融破坏更小，损伤主要在试块表层；关虓等[72]采用气冻气融的方式对不同强度混凝土抗冻性的影响，发现随着冻融循环次数的增加，混凝土相对动弹性模量、抗压强度逐渐减小，即冻融损伤度逐渐增大，且强度越低，损伤度越大；Mahmoud等[73]在纤维体积对纤维增强混凝土抗冻性能影响的试验研究中发现，聚丙烯纤维和钢纤维均能提高混凝土的抗冻性，1%的钢纤维夹杂使试件具有良好的抗冻融循环和引气性能，且钢纤维和聚丙烯纤维的抗冻性分别要求纤维的最小体积为0.4%和0.5%；Gong Jianqing等[74]在泡沫混凝土的孔隙结构和孔隙率对其抗冻性的影响中发现，当渣粉和硅灰含量分别为30%和6%时，泡沫混凝土抗冻性最好，质量损失分别为1.76%和1.99%，应力损失分别为13.61%和14.49%，渣粉和硅灰使气孔率分别降低到0.503和0.513，100~300μm的孔数分别增加了6.08%和4.47%，孔结构得到了优化。此外，国内外相关学者在混凝土的冻融破坏研究的基础之上，形成了一系列的假说和推论，比较著名的有静水压假说、渗透压假说、结晶压理论、充水系数假说、温度应力假说、温度应力假说及临界饱水度理论等，其中较为普遍和应用较广的是静水压假说[75]和渗透压假说[76]。

综上所述，冻融作用下混凝土的损伤劣化过程已逐渐为大家所熟知，且学者们对于冻融作用下的劣化机理也提出了各种各样的假说，但是，随着时代的发展及科技的进步，人们对于实用新型混凝土的开发过程中，在混凝土抗冻性满足要求的同时，越来越注重资源及能源的投入，以及废弃物的污染问题，故绿色新型混凝土抗冻耐久性的研究变得格外重要。

1.2.4.3 硫酸盐侵蚀作用导致混凝土失效研究现状

统计数据表明[77~79]，我国华北、西北地区有大量盐湖，盐湖卤水的浓度很高，且土壤中盐、碱含量也远高于平均值，其中又以硫酸盐为代表性盐类。硫酸盐侵蚀对混凝土结构的影响早已引起了学者们的关注，长时间的探索后，学者们对于硫酸盐侵蚀下混凝土的劣化机制、影响因素、评价方法已有了一定的了解，现有研究也主要集中在硫酸盐环境下混凝土、水泥净浆的抗侵蚀性能，如左晓宝等[80]对硫酸盐侵蚀下的混凝土劣化损伤全过程进行了研究，并给出了钙钒石生成过程中的混凝土膨胀应变计算公式，进而由混凝土本构关系计算出相应的膨胀应力，评估混凝土是否开裂破坏；罗遥凌等[81]在研究电场和低温共同作用下镁盐及硫酸盐对水泥基材料的侵蚀行为时发现，在电场作用下，阴极硫酸钠溶液-阳极硫酸镁溶液电极组合在侵蚀120d时的侵蚀效果最明显；谢超[82]等对低温硫酸盐侵蚀条件下水泥砂浆抗折强度的发展规律的研究中指出，硫酸盐侵蚀过程中砂浆试件抗折强度呈现出先上升后下降的变化趋势，且明显温度越低，侵蚀情况越严重；张茂花等[83]在混凝土抗硫酸盐侵蚀研究中指出，纳米二氧化硅和纳米碳酸钙掺量为2%时，基础混凝土的抗硫酸盐侵蚀性能改善效果最好；姜磊等[84]在研究硫酸盐环境下混凝土单轴受压应力-应变关系时指出，峰值应变在侵蚀

240d 后快速增加，硫酸镁溶液中峰值应变增长较快，并建立了硫酸盐侵蚀与干湿循环作用下混凝土单轴受压应力-应变全曲线方程。

此外，学者们根据硫酸盐侵蚀对混凝土的破坏机制的不同将其分为物理侵蚀和化学侵蚀两种，并分别演化出了一些假说和理论模型，具体如下：

（1）物理型侵蚀破坏。物理型侵蚀破坏的核心在于盐溶液的浸入与浸出导致混凝土内部孔结构的孔隙度发生变化，并由此衍生出了盐结晶压理论、固相体积变化理论等。盐结晶压力的产生是由于混凝土内部孔隙中的盐溶液达到饱和及过饱和状态时盐溶液发生结晶，结晶压力随孔液过饱和度的增大[85]、结晶产物密度的增大和环境温度的提高而增大，随着结晶水增多，密度下降而降低；固相体积变化理论则是孔隙中盐溶液在达到饱和及过饱和状态时结晶产物之间的相互转化，而不同产物结晶后的体积变化率存在差异，进而导致孔结构的膨胀破坏。

（2）化学型侵蚀破坏。化学型侵蚀破坏的机制是水泥在水化过程中的水化产物（水化硅酸钙、氢氧化钙等）在硫酸盐作用下生成新的侵蚀产物石膏、钙矾石、碳硫硅钙石等，其中，石膏的生成不仅引起固相体积增加，还进一步消耗了水化产物氢氧化钙，不仅影响水化硅酸钙等水化产物的稳定存在及生成，还导致混凝土强度的降低；钙矾石[86]是针棒状的早期水化产物，且形成过程受反应溶液离子浓度、温度、pH 值与形成空间等因素的影响，同时，钙矾石的稳定性较高，溶解度较小，对早期强度的发展影响很大。但是，适量的钙矾石是有益于混凝土强度的生长的，而硫酸盐侵蚀过程中生成的钙矾石越多产生的体积膨胀越大，不利于混凝土后期强度发展，如乔宏霞[87]开展了西宁盐渍土地区混凝土劣化机理试验研究，在西宁盐渍土地区混凝土发现了更为危害的硅灰石膏型硫酸盐侵蚀，Yu Demei[88]等建立了波特兰水泥混凝土在动态荷载和硫酸盐侵蚀作用下的耦合函数，以进一步探讨其劣化机理。

综上所述，学者们对硫酸盐侵蚀环境下水泥基材料的损伤劣化机理已有了较为清晰的认识，并对多种环境下的损伤劣化过程进行了探讨，然而，现阶段对于如何更好地防护混凝土在硫酸盐环境下的侵蚀问题依然没有得到很好的解决，新型抗硫酸盐侵蚀混凝土的研发方面仍有很长一段路要走。

1.2.4.4　多因素耦合作用导致混凝土失效研究现状

大量研究表明，多因素耦合作用下混凝土损伤劣化进程较单一因素作用下劣化速度有显著提高，且耦合工况的作用次序对混凝土的劣化进程也有较大影响，国内外学者对于混凝土在冻融、干湿、盐浸、碳化等因素的耦合作用下的损伤劣化过程及机理进行了较为细致的研究，具体如下：

Rao Meijuan[89]等在冻融循环和碳化耦合作用下对混凝土的耐久性进行了深入探讨，并通过 CT 和 SEM 分析了混凝土界面的微观结构，发现第一次碳化后试件中存在的六方片状氢氧化钙在第一冻融试件中可以忽略，其中主要的水化产物为钙矾石和硅酸钙凝胶。但是，在首次发生冻融的试件内部，氢氧化钙很少存在；韩建德等[90]在荷载与碳化耦合因素作用下混凝土的耐久性研究进展中指出，除考虑静载及现有模型的影响下，还应考虑动载、尺寸效应及应力水平对混凝土碳化的影响；张向东等[91]在冻融—碳化耦合环境下对煤矸石混凝土的耐久性进行了研究，发现冻融-碳化环境下碳化深度与时间、水灰比呈正相关，冻融环境是加速其碳化腐蚀的催化剂，碳化—冻融环境劣化碳化深度强于冻融—碳化环境，两种耦合环境碳化差值为0.87~2.10mm，但是，未能深入探讨煤矸石混凝土的劣化机理及微观结构特征；Wang Jian 等[92]在弯曲拉应力与碳化耦合作用下混凝土的碳化深度的研究中发现，碳化深度随弯曲拉应力水平的增加而增大，在相同的弯曲拉应力水平下，随着碳化时间的增加，应力影响系数减小，并建立了考虑碳化时间的应力影响系数模型；陈思佳等[93]对混凝土在压缩荷载和冻融循环同时作用下的抗冻性和抗压强度退化的研究中发现，随着预压水平和水灰比的增加，混凝土的破坏速度逐渐加快；燕坤等[94]研究了硫酸镁腐蚀与弯曲荷载耦合作用对碳化后混凝土抗冻性的影响，发现硫酸镁化学腐蚀与弯曲荷载的耦合作用降低了混凝土碳化后的抗冻性，且添加大掺量的矿物掺合料、膨胀剂、纤维等物质可提高普通混凝土的抗冻性；Tian Jun 等[95]在盐冻与弯曲荷载耦合作用下自密实混凝土的损伤行为及预测模型的研究中指出，在盐冻融与弯曲荷载耦合作用下，随着盐冻融循环次数的增加，试件的质量损失增加，相对动态弹性模量下降，且耦合效应对表面腐蚀有轻微影响，而对脆性断裂的发生有显著影响；南雪丽等[96]将硫铝酸盐快硬水泥、聚合物改性快硬水泥和普通硅酸盐水泥三种混凝土置于质量浓度为0%和3.5%的氯化钠溶液中进行快速冻融循环试验，发现两种环境下普通硅酸盐水泥配制的混凝土抗冻性最好，硫铝酸盐快硬水泥配制的混凝土最差，且盐冻环境下会产生腐蚀产物 Friedel 盐，加剧混凝土的表面溃散；Yin Shiping 等[97]研究了氯离子干湿循环和冻融循环下纺织钢筋混凝土的力学性能，随着氯离子湿干循环次数的增加，纤维纱与细晶混凝土的界面结合强度降低，抗弯承载力不变，随着氯离子冻融循环次数的增加，强度降低；郝潞岑等[98]对保温混凝土在氯盐侵蚀与冻融循环耦合作用下的耐久性能进行研究时指出，氯盐侵蚀加剧了冻融循环的破坏程度，且随着冻融循环次数的增加，混凝土的抗压强度和劈裂抗拉强度与冻融次数呈线性关系；Chen Jiang 等[99]在碳化和盐腐蚀耦合作用下，测定天然电位加固方法对氯离子侵蚀混凝土碱度的影响时发现混凝土模拟孔隙水溶液中的 pH 值的增加可以降低混凝土的腐蚀；Zhang He[100]等人在碳化环境下，对混凝土材料在三维、一维方向上施加冻融作用后的劣化机理进行了研究，指出冻融、碳化耦合作用较单一工况下劣化显著性较明显，但并未从深层次研究复合工况下混凝土的劣化机理，也未考虑复合工况的顺序对混凝土耐久性的影响，与混凝土实际服役情况相差较大，应用价值较低；李根峰[101]等在冻融—碳化耦合作用下风积沙混凝土耐久性的研究中指出，冻融—碳化作用对风积沙混凝土造成的损伤大于碳化—冻融作用，且风积沙替代率为40%的风积沙混凝土表现出良好的抗冻融、抗碳化能力；赵长勇等[102]考虑冻融损伤和氯盐侵蚀耦合作用下整体防水混凝土的耐久性能时指出，整体防水混凝土冻融损伤和质量损失均随着硅烷掺量和冻融循环次数的增加而增加，整体防水混凝土较普通混凝土具有更好的抗渗透性，且抗渗透性随着硅烷乳液掺量的增加而提高；李爽等[103]研究硫酸盐侵蚀与冻融循环耦合作用下碾压混凝土层面的抗剪特征时指出，耦合作用下碾压混凝土层面黏聚力降低幅度较大，摩擦系数未发生较大波动，且水胶比越小，耦合作用下碾压混凝土层面抗剪强度劣化速率越慢。

此外，国内外学者也纷纷建立了多因素耦合作用下混凝土服役寿命预测模型，如杜鹏等[104]借助于 RILEM TC246-TDC 技术委员会平台，收集到来自 15 个国家和地区的 34 位著名学者关于多因素耦合作用下混凝土耐久性研究成果以及冻融损伤与寿命预测模型，用应变表征了多因素耦合作用下混凝土的耐久性能，建立了基于残余应变的冻融、盐溶液双因素耦合作用下混凝土冻融损伤数值模型以及基于应变的冻融、盐侵、应力三因素耦合作用下混凝土损伤力学模型，进而对特定条件下混凝土服役寿命进行预测；王仁远等[105]根据混凝土寿命预测的损伤演化方程，定量建立浮石混凝土冻融循环的直线和二次加速衰减曲线模型和风沙吹蚀与冻融耦合的直线+二次减速衰减曲线模型。

学者们对于多因素耦合作用下混凝土的损伤劣化过程进行了较为深入的研究，并建立了多因素耦合作用下混凝土服役寿命预测模型，但是，多因素耦合作用下各因素之间的相互影响机制以及各因素的先后次序对混凝土耐久性的影响还有待进一步探讨。

1.2.4.5　混凝土服役寿命预测模型研究现状

混凝土耐久性能[106~108]优劣将直接影响工程的后续维护及保养费用，有鉴于此，如何对混凝土服役寿命进行评估和预测及耐久性能设计深刻影响着混凝土技术的发展和进步。随着科技的进步、社会的发展及经济建设的稳步增速，人们对服务于工业民用建筑工程的混凝土的使用提出了更高的耐久性设计指标及服役寿命要求。

在混凝土劣化机理及耐久性能研究的基础之上，学者们发现影响混凝土服役寿命的核心因素主要有碳化、氯离子扩散（钢筋锈蚀）、冻融损伤及硫酸盐侵蚀[109~111]，并从经验、类比、快速试验、工程可靠度、材料理化性质等角度出发，建立了基于碳化、氯离子侵蚀、冻融损伤及硫酸盐侵蚀的混凝土服役寿命预测模型，具体如下。

A　基于碳化的混凝土服役寿命预测模型

混凝土的碳化[112]是空气中二氧化碳渗透到混凝土内，与其内部碱性物质起化学反应后生成碳酸盐和水，使混凝土内部碱度降低的过程称为混凝土碳化，又称作中性化。其原理[113,114]是水泥基胶凝材料水化过程中会生成氢氧化钙，使孔隙液中充满饱和的氢氧化钙，营造出较强的碱性环境，与钢筋发生化学反应，生成氧化亚铁等，进而形成钝化膜，保护混凝土内部包裹的钢筋，但是，当空气中二氧化碳进入孔隙液中时，与氢氧化钙反应生成碳酸钙，降低孔隙液内部的碱性，无法再在钢筋表面形成难以发生化学反应的钝化膜，而当碳化深度超过混凝土保护层厚度时，则会引起内部钢筋锈蚀。

国外很早以前就有关于混凝土碳化和钢筋锈蚀的研究，20 世纪 60 年代，一些西方国家就针对这一课题进行了大量的理论和试验研究，而我国也于 1980 年开始进行相关研究。当前关于混凝土碳化深度的预测模型主要有四类[115]，第一类是经验模型，通过快速碳化试验或混凝土建筑物实际服役期内的碳化深度实测值，并采用概率统计及神经网络的理论进行拟合得到；第二类是理论模型，基于影响碳化反应过程的水灰比、水泥用量、水化反应速度、环境温度、环境湿度、二氧化碳浓度的因素等定量分析碳化深度的过程中建立；第三类是预测碳化深度的随机模型，其充分考虑混凝土建筑物及构筑物在服役过程中受到环境变量及人为变量影响的随机性；第四类则是基于碳化试验与扩散理论的半经验半理论模型，这种模型充分考虑混凝土碳化过程中各试验量对其的影响，又结合扩散理论，既真实反映了混凝土的实际碳化状态，又可以确定理论模型中难以确定的参数，应用可行性较高，相关模型举例如下。

a　基于经验的碳化模型

(1) 章国成等[116]以水灰比为主要变量的经验模型。以水灰比为主要变量，从水泥品种、粉煤灰、气象条件影响 3 个不同的角度具体论述了混凝土碳化预测模型，并用实例说明了不同模型计算值与实测值间的差值，最终建立了混凝土碳化预测的最佳模型，即

$$X = \gamma_1 \gamma_2 \gamma_3 \left(12.1 \frac{W}{C} - 3.2\right)\sqrt{t} \tag{1-1}$$

式中，γ_1 为水泥品种影响系数，矿渣水泥取 1.0，普通水泥取 0.5~0.7；γ_2 为粉煤灰影响系数，取代水泥量小于 15%时取 1.1；γ_3 为气象条件影响系数，我国的中部地区取 1.0，南方地区取 0.5~0.8，北方地区取 1.1~1.2。

此外，许丽萍等[117]也分别建立了基于水灰比的碳化经验模型，即

$$X = \frac{g}{\sqrt{k_w}}\sqrt{t} \tag{1-2}$$

式中，当 $W/C \geqslant 0.6$ 时，$k_w = [0.3 \times (1.15 + 3 \times W/C)]/(W/C - 0.25)^2$；当 $W/$

$C<0.6$ 时，$k_w = 7.2[(4.6 \times W/C) - 1.76]^2$。

（2）邸小坛等[118]提出了以混凝土抗压强度标准值为主要参数，在综合考虑使用混凝土服役环境、水泥品种和用量等影响因素的基础上，提出了基于抗压强度的碳化深度经验模型：

$$X = a_1 a_2 a_3 \left(\frac{60.0}{f_{cuk}} - 1.0 \right) \sqrt{t} \tag{1-3}$$

式中，f_{cuk}为混凝土抗压强度标准值，MPa；a_1、a_2、a_3 分别为养护条件修正系数、水泥品种修正系数和环境条件修正系数。

此外，Mehta 等[119]给出了一个考虑无碳化极限强度的碳化深度预测模型，即

$$X = 250 \left(\frac{1}{\sqrt{F_c}} - \frac{1}{\sqrt{F_g}} \right) \sqrt{t} \tag{1-4}$$

式中，F_c 为混凝土抗压强度，MPa；F_g 为假定不碳化的极限强度，$F_g = 62.5$MPa。

（3）龚洛书等[120]在综合考虑影响碳化速度的各种因素后，提出了多系数碳化预测公式，即

$$X = k_1 k_2 k_3 k_4 k_5 k_6 \alpha \sqrt{t} \tag{1-5}$$

式中，k_1、k_2、k_3、k_4、k_5、k_6分别为水泥品种、水泥用量、水灰比、粉煤灰取代量、骨料品种、养护方法对碳化的影响系数；α 为混凝土碳化速度系数，普通混凝土与轻骨料混凝土不同。

（4）黄士元等[121]在考虑了水灰比和水泥用量等因素的影响下建立了预测混凝土碳化发展的经验关系式：

$$X = 104.7 \times k_c^{0.54} \times k_w^{0.47} \times T^{1/2} \qquad 当\ W/C > 0.6 \tag{1-6}$$

$$X = 73.54 \times k_c^{0.81} \times k_w^{0.13} \times T^{1/2} \qquad 当\ W/C \leqslant 0.6 \tag{1-7}$$

式中，k_c为水泥用量影响系数，$k_c = (-0.0191C + 9.311) \times 10^{-3}$，$C$为水泥用量；$k_w$ 为 W/C 影响系数，$k_w = [(9.844 \times W/C) - 2.982] \times 10^{-3}$。

（5）Nagataki[122]在研究了砂浆和混凝土中掺加粉煤灰和高炉矿渣粉等掺合料的碳化现象后，建立了掺合料用量、强度与碳化深度之间的关系式：

$$X_c = [(3.65P - 547)\exp(-0.0754R)]^{1/2} \times T^{1/2} \tag{1-8}$$

式中，P 为混合材的掺量，%；R 为抗压强度。

（6）牛荻涛等[123]从碳化理论模型出发，利用大量工程实测结果和气象调查资料，建立了以混凝土立方体抗压强度标准值为主要参数，考虑环境影响（环境温湿度）和 CO_2 浓度影响的平均碳化深度预测模型，即

$$X = k_{el} k_{ei} k_t \left(\frac{24.8}{\sqrt{f_{cuk}}} - 2.74 \right) \sqrt{t} \tag{1-9}$$

式中，X 为混凝土碳化深度，mm；f_{cuk} 为混凝土抗压强度标准值，MPa；k_{el} 为地区影响系数，北方地区取 1.0，南方地区及沿海地区取 0.5～0.8；k_{ei} 为室内外影响系数，室外取 1.0，室内取 1.87；k_t 为养护时间影响系数，一般施工情况取 1.50；t 为混凝土龄期。

b 基于扩散理论的碳化模型

（1）Papadakis 模型[124]。根据 CO_2 在混凝土孔隙气相中的扩散及其在这些孔隙的水膜中的溶解、固体 $Ca(OH)_2$ 在孔隙水中的溶解等，乃至 C-S-H、C_3S、C_2S 与二氧化碳的反应机理，建立一维几何条件下的偏微分方程组而得到其碳化模型：

$$X = \sqrt{\frac{2 \times D_{CO_2} \times C_0}{[\text{C-H}]^0 + 3[\text{C-S-H}]^0 + 3[C_3S]^0 + 2[C_2S]^0}} \times \sqrt{t} \tag{1-10}$$

式中，C_0 为环境中 CO_2 浓度；$[\text{C-H}]^0$、$3[\text{C-S-H}]^0$、$3[C_3S]^0$、$2[C_2S]^0$ 为混凝土水化物中可碳化物质的初始摩尔浓度。该式适用于混凝土仅采用普通硅酸盐水泥，对于其他水泥需要进行修正，在较低湿度环境下试验结果与计算结果误差较大。

（2）阿列克谢耶夫模型[125]。该模型基于 Fick 第一定律以及 CO_2 在多孔材料中扩散和吸收过程，即 CO_2 在混凝土孔隙中的扩散与吸收过程影响了混凝土的碳化速度。碳化模型与 CO_2 扩散系数、环境 CO_2 浓度有很大关系，该模型形式简单，与实际试验结果接近，被大多数学者接受引用，但是不适用于较低湿度环境下混凝土碳化。

$$X = \alpha\sqrt{t} = \sqrt{2D_{CO_2} \times C_0 \times t} \tag{1-11}$$

式中，X 为快速碳化深度；α 为快速碳化速率系数；t 为快速碳化时间；D_{CO_2} 为混凝土的 CO_2 有效扩散系数；C_0 为环境中 CO_2 的浓度。

（3）基于扩散理论的理论模型[126]。该模型认为空气中的 CO_2 向混凝土内的渗透遵循 Fick 第一扩散定律，其碳化模型可以表示为

$$X = \sqrt{\frac{2D_e \times C_0}{M_0}} \times \sqrt{t} \tag{1-12}$$

式中，X 为快速碳化深度；t 为快速碳化时间；D_e 为 CO_2 在混凝土中的扩散系数；C_0为环境中 CO_2 浓度；M_0为单位体积混凝土吸收 CO_2 的量。

c 基于混凝土碳化深度的随机模型

（1）牛荻涛等[127]认为混凝土本身的变异性和环境的变异性是导致碳化深度发生变异的根本原因，并在确定碳化深度平均值的基础之上，得到预测混凝土碳化深度的随机模型，即

$$X(t) = k_{CO_2} \times k_e\left(\frac{57.94}{F_{cu}} \times m_c - 0.761\right) \times \sqrt{t} \tag{1-13}$$

式中，X 为碳化深度；F_{cu} 为混凝土立方体抗压强度；k_{CO_2} 为 CO_2 浓度影响系数；k_e 为环境因子随机变量；m_c 为混凝土立方体抗压强度平均值与标准值之比值；t 为碳化年限。

（2）屈文俊等[128]在室内外试验的基础之上，建立了碳化速度系数的概率模型，经检验皆服从正态分布，依此推荐了随机过程模型，即

$$X = (m_\alpha + \beta\sigma_\alpha)\sqrt{t} \tag{1-14}$$

式中，X 为碳化深度；m_α 为碳化速度；β 为可靠度；σ_α 为标准差；t 为碳化年限。

d　基于经验及扩散理论的半经验半理论模型

（1）孙炳全等[129]基于微分方程建模，并研究了碳化灰色模型与混凝土影响因素之间的关系，提出了混凝土碳化灰色预测模型，认为对水灰比较小（$W/C \leqslant 0.45$）的掺粉煤灰混凝土，采用 GM(1，1) 模型建模最佳，该模型的模拟精度高且稳定。对于普通混凝土，在较小水灰比（$W/C<0.40$）时，应采用灰色 Verhulst 模型，因此时混凝土碳化有饱和的趋势；中等水灰比（$0.45 \leqslant W/C \leqslant 0.55$）时，采用灰色 GM(1，1) 模型最佳；在较大水灰比时（$W/C \geqslant 0.60$），采用灰色 DGM(2，1) 模型最佳，说明该情况下的混凝土碳化不完全满足指数规律，而从预测的角度考虑，新陈代谢 GM 模型将老数据剔除并补充新数据，更能反映混凝土碳化的实时动态变化。

GM(1，1) 模型：

$$\hat{x}^{(0)}(t+1) = (1-e^{a})\left(x^{(0)}(1) - \frac{b}{a}\right)e^{-at} \tag{1-15}$$

模型基于下式基本数据序列建立：$x^{(0)} = (x^{(0)}(1), x^{(0)}(2), \cdots, x^{(0)}(n))$，$t = 1, 2, \cdots, n$。

当全部或部分使用该数据序列时，称为全数据或部分数据模型，当添加新数据时为新信息模型，当使用新数据替换旧数据时，称为新陈代谢模型。

灰色 DGM(2，1) 模型：

$$x^{(-1)}(t) = b - a_1 x^{(0)}(k) - a_2 z^{(1)}(k) \tag{1-16}$$

灰色 Verhulst 模型：

$$\hat{x}^{(1)}(t+1) = \frac{a x^{(1)}(0)}{b x^{(1)}(0) + [a - b x^{(1)}(0)]e^{ak}} \tag{1-17}$$

（2）张誉教授[130]基于混凝土碳化机理，根据混凝土碳化影响因素与理论模型中有效扩散系数及单位体积二氧化碳吸收量的定量关系，并开发出一个有充分理论基础的混凝土碳化深度实用数学模型，即

$$X = 839(1-RH)^{1.1}\sqrt{\frac{(W/C - 0.34) \times v_0 \times t}{C}} \tag{1-18}$$

式中，X 为碳化深度；RH 为环境相对湿度；C 为水泥用量；v_0 为 CO_2 的体积

分数,%。

(3) 金伟良教授[131]根据不同的混凝土碳化指数分布的影响以及影响混凝土碳化指数的主要因素，并依据国内外143组混凝土碳化实验数据的统计分析，确定了混凝土碳化指数的概率模型，即

$$\frac{x_2}{x_1}=\sqrt{\frac{t_2}{t_1}} \tag{1-19}$$

式中，x_2、x_1 分别为测得的、预测的碳化深度；t_2、t_1 为测定 x_2、x_1 时的碳化时间。

B 基于氯离子扩散的服役寿命预测模型

盐碱环境下，混凝土中钢筋锈蚀是一个随时间变化而变化的过程，可分为诱导期、发展期、破坏期，而当钢筋混凝土中氯离子浓度达到临界值时，钢筋混凝土的氯离子破坏最严重且钢筋锈蚀的三个过程所需的时间逐渐减少，故钢筋混凝土的寿命预测研究主要考虑腐蚀诱导期，关于氯离子扩散预测模型应用最多的是基于 Fick 第二扩散定律的预测模型。

另外，根据扩散方程是否含有时间变量，扩散问题分为与时间无关的稳态扩散和与时间有关的非稳态扩散，混凝土中的氯离子扩散问题则属于非稳态扩散问题，而根据扩散方程是否含有常数项和边界条件能否转换成零，扩散问题又分为齐次问题和非齐次问题，实际混凝土的氯离子扩散规律是难度最大的非稳态非齐次扩散问题，现阶段关于氯离子扩散理论应用较为广泛的主要有以下几种：

(1) 基于一维、二维 Fick 第二扩散定律的氯离子扩散模型。1972 年，Colle-Padri 等[132]在混凝土是半无限大的均匀介质、混凝土中氯离子的扩散是一维的等五个假设的基础上提倡使用 Fick 第二扩散定律来描述氯离子在混凝土中的表观扩散行为，则 Fick 第二定律的扩散方程为

$$\frac{\partial_c}{\partial_t}=D\frac{\partial_c^2}{\partial x^2} \tag{1-20}$$

进而可得一维条件下的混凝土简单氯离子扩散理论模型为

$$c=c_0+(c_s-c_0)\left(1-\operatorname{erf}\frac{x}{2\sqrt{Dt}}\right) \tag{1-21}$$

式中，t 为时间；x 为距表面的距离；D 为氯离子扩散系数；c 为氯离子浓度；c_0 为混凝土内的初始氯离子浓度；c_s 为混凝土暴露表面的氯离子浓度，一般认为与暴露环境介质的氯离子浓度相当；erf 为误差函数。

但由于实际工程中常遇到的是二维，甚至是三维问题，故在假定混凝土为各向同性均质材料的基础之上提出二维 Fick 第二扩散定律模型，即

$$\frac{\partial_c}{\partial_t}=D\left(\frac{\partial_c^2}{\partial x^2}+\frac{\partial_c^2}{\partial y^2}\right) \tag{1-22}$$

（2）1998 年，Siryavanshi 等[133]在考虑幂函数和线性函数边界条件的基础之上，提出了基于 Fick 第二扩散定律的修正模型，即

当 $t=0$，$x>0$ 时，$c=0$；当 $x=0$，$t>0$ 时，$c=\Phi(t)=kt$（k 为常数）

$$c=kt\left\{\left(1+\frac{x^2}{2Dt}\right)\mathrm{erfc}\left(\frac{x}{2\sqrt{Dt}}\right)-\left(\frac{x}{\sqrt{\pi Dt}}\right)\mathrm{e}^{-\frac{x^2}{4Dt}}\right\}$$

当 $t=0$，$x>0$ 时，$c=0$；$x=0$，$t>0$ 时，$c=\Phi(t)=kt^{1/2}$（k 为常数）

$$c=k\sqrt{t}\left\{\mathrm{e}^{-\frac{x^2}{4Dt}}-\left[\frac{x\sqrt{\pi}}{2\sqrt{Dt}}\mathrm{erfc}\left(\frac{x}{2\sqrt{Dt}}\right)\right]\right\} \tag{1-23}$$

式中，erfc 为余误差函数。

（3）欧洲 DuraCerte 项目的 Mejlbro 理论模型[134]。1996 年 Mejlbro 提出综合考虑各影响因素的氯离子扩散理论模型，即

$$c_{\mathrm{f}}=c_{\mathrm{s}}\left(1-\mathrm{erf}\frac{x}{2\sqrt{k_{\mathrm{e}}k_{\mathrm{c}}k_{\mathrm{m}}D_0t_0^mt^{1-m}}}\right) \tag{1-24}$$

式中，k_{e}、k_{c}、k_{m} 分别为影响混凝土氯离子扩散系数的养护系数（主要与养护龄期有关）、环境系数和材料系数。

（4）1999 年，Mangat 等[135]在考虑扩散系数的时间依赖性的基础上提出了 Mangat 理论模型，即

$$\frac{\partial_c}{\partial_t}=D_it^{-m}\frac{\partial_c^2}{\partial x^2} \tag{1-25}$$

式中，D_i 为 t 等于 1 个时间单位时的有效氯离子扩散系数；m 为时间依赖性常数。

（5）余红发等[136]综合考虑了材料非均质性、有限大体、多维扩散、可变扩散系数与可变边界条件、结构微缺陷对扩散的加速作用、氯离子结合能力及其非线性等因素对混凝土中氯离子扩散的影响，得到了综合考虑氯离子结合能力、氯离子扩散系数的时间依赖性和结构微缺陷影响的混凝土氯离子扩散新方程，即

$$\frac{\partial c_{\mathrm{f}}}{\partial T}=Dce\frac{\partial^2c_{\mathrm{f}}}{\partial x^2} \tag{1-26}$$

式中，c_{f} 为自由氯离子浓度；T 为代还参数，$T=\ln t$；x 为碳化深度。

（6）朱方之等[137]基于混凝土氯离子扩散能力与冻融损伤的动态相关性，建立了同时考虑混凝土冻融损伤和表面剥落的氯离子扩散修正模型，即

$$C_{\mathrm{f}}=C_0+(C_{\mathrm{sc}}-C_0)\times\left\{1-\mathrm{erf}\left[\frac{x-\Delta x-X_{\mathrm{c}}}{2\sqrt{\frac{D_0\mathrm{e}^{kw}t_0^m}{(1+R)(1-m)}t^{1-m}}}\right]\right\} \tag{1-27}$$

式中，C_{sc} 为对流区和扩散区界面处的氯离子含量；C_0 为初始氯离子含量；erf 为误差函数；D_0 为标准试验条件下的氯离子扩散系数；t_0 为参照时间；t 为混凝土结

构暴露于氯离子环境中的时间；m 为氯离子扩散系数的衰减指数；R 为氯离子结合能力；k 为氯离子扩散系数与冻融损伤因子的拟合系数；X_c 为对流区深度。

C　基于混凝土应力损伤的服役寿命预测模型

应力损伤对混凝土服役寿命的影响较为显著，众多学者也对弯曲载荷、强度损伤、疲劳损伤等条件下混凝土服役寿命进行了预测，如蒋金洋、孙伟等[138]对弯曲疲劳损伤荷载作用下混凝土的残余应变模型，关宇刚[139]依据损伤和多元 Weibull 分布对单一和多重因素作用下高强混凝土的服役寿命进行了评估等。

损伤理论的研究始于 1958 年 Kachanov[140]提出“连续性因子”的概念来描述金属的蠕变断裂，研究的重点是定义合理的损伤变量、预估结构或构件的剩余寿命等，并从损伤能量释放率、损伤能量释放、经验演化法则等三个方面提出了一系列具有革命性代表意义的混凝土损伤本构模型，以满足混凝土服役寿命预测的要求，具体示例如下：

（1）李杰[141]等根据损伤面通过正交流动法则得到损伤变量的演化法则，并类比经典塑性力学中的损伤加载条件，将总 Helmholtz 自由能势分解为弹性受拉和受剪部分以及塑性受剪部分，最终得到损伤演化函数，即

$$\begin{aligned} d^{+} &= 1 - \frac{r_0^{+}}{r^{+}}\left\{(1 - A^{+})\exp\left[B + (1 - \frac{r_0^{+}}{r^{+}})\right] + A^{+}\right\} \quad r^{+} \geqslant r_0^{+} \\ d^{-} &= 1 - \frac{r_0^{-}}{r^{-}}\left\{(1 - A^{-}) - A^{-}\exp\left[B - (1 - \frac{r_0^{-}}{r^{-}})\right] + A^{+}\right\} \quad r^{-} \geqslant r_0^{-} \end{aligned} \tag{1-28}$$

式中，r_0^{+} 和 r_0^{-} 为初始受拉和受剪损伤能释放率阈值；r^{+} 和 r^{-} 为当前受拉和受剪损伤能释放率；A^{+}、A^{-}、B 分别为模型参数，可以通过混凝土单轴受拉和受压应力-应变曲线标定。

（2）Najar 等[142]根据损伤能量释放原则，将脆性固体材料的损伤定义为

$$\begin{aligned} d &= \frac{\Delta W_{\varepsilon}}{W_0} \\ \Delta W_{\varepsilon} &= W_0 - W_{\varepsilon} = \frac{1}{2}\varepsilon : E_0 : \varepsilon - \frac{1}{2}\varepsilon : E : \varepsilon \end{aligned} \tag{1-29}$$

式中，W_0 为无损材料的应变能密度；W_{ε} 为损伤材料的应变能密度；E_0、E 分别为无损材料的弹性系数张量。

（3）Faria[143]在对大批量试验数据进行拟合的基础之上，采用了经验的损伤面，并定义了“等价应力”，进而将损伤演化函数取为经验表达式，即

$$\begin{aligned} d^{+} &= g^{+}(\tau^{+}) = 1 - \frac{\tau_0^{+}}{\tau^{+}}\exp\left[B^{+}\left(1 - \frac{\tau_0^{+}}{\tau^{+}}\right)\right] \\ d^{-} &= g^{-}(\tau^{-}) = 1 - \frac{\tau_0^{-}(1 - A^{-})}{\tau^{-}} - \frac{A^{-}}{\exp\left[B^{-}(\tau^{-} - \tau_0^{-})\right]} \end{aligned} \tag{1-30}$$

此外，国内外众多学者也从其他相关角度提出了混凝土损伤的本构模型，如安占义等[144]从各向同性、各向异性、弹塑性、塑性损伤的角度出发，提出了一系列混凝土确定性损伤本构模型，并在此基础上，引入材料固有属性的随机参数，提出了较为符合混凝土随机性的随机损伤模型。

D　基于硫酸盐侵蚀的服役寿命预测模型

硫酸盐侵蚀是指环境介质中的硫酸根离子与水泥的水化产物发生化学反应，导致混凝土内部发生膨胀破坏，众多学者纷纷展开了硫酸盐侵蚀下混凝土结构的耐久性能研究，并根据影响混凝土服役寿命的关键因素（温度、湿度、游离阴阳离子、荷载作用、pH 值等），提出了基于硫酸盐侵蚀破坏的服役寿命预测模型。此外，关于硫酸盐侵蚀破坏的预测模型还有硫酸盐扩散—反应理论模型、硫酸盐侵蚀全过程劣化模型、数值模拟研究等，具体如下。

a　硫酸盐侵蚀破坏模型

（1）曹双寅[145]在假定受硫酸盐侵蚀的混凝土强度损失与腐蚀时间和浓度成正比的基础上，基于试验结果建立纯数理统计模型，提出了腐蚀介质对混凝土强度影响的统计模型，即蚀强模型：

$$\frac{f_{cd}}{f_c(t)} = ck_d(t - t_0) \tag{1-31}$$

式中，$f_{cd}/f_c(t)$ 为蚀强率；c 为腐蚀介质的质量分数；t 为腐蚀持续时间；t_0 为强度开始降低的时间；k_d 为强度损失占未腐蚀混凝土强度的比例系数，该值取决于介质的类型和混凝土的组成。

（2）王海彦等[146]综合考虑水胶比、硫酸盐质量浓度、矿物掺合料的种类及掺量等因素对混凝土抗硫酸盐侵蚀的影响，建立了多因素影响下的渠道衬砌混凝土抗硫酸盐侵蚀模型，即

$$K_f = K_W K_C K_F K_M K_S K_Y e^{-0.003t} \tag{1-32}$$

式中，K_W 为水胶比影响系数；K_C 为地下水中含硫酸盐（质量浓度）影响系数；K_F 为粉煤灰掺量影响系数；K_M 为矿粉掺量影响系数；K_S 为硅灰掺量影响系数；K_Y 为养生方法影响系数。

（3）蒋明镜等[147]认为发生侵蚀时硫酸根离子与水泥水化物的反应是均匀的，且侵蚀后的膨胀效应是由生成物体积的不断增大引起混凝土表面变形不均匀造成的基础之上，并从离散单元法可以从微观角度出发研究颗粒的受力、运动情况以得到相应的微观接触信息进而解释物质的宏观力学行为的巨大优势角度考虑，建立了混凝土硫酸盐侵蚀的离散元模型，并模拟出抗压耐蚀系数 K 的计算公式，即

$$K = \frac{\sigma_c^t}{\sigma_c^0} \tag{1-33}$$

式中，σ_c^t、σ_c^0 分别为试件的初始单轴抗压和侵蚀后的单轴抗压强度。

b 硫酸盐扩散—反应理论模型

(1) 经典扩散—反应模型。

Glasser[148]通过对硫酸根离子在混凝土的传输过程进行研究，并以质量守恒定律为基础，进而以硫酸根离子浓度或物质变化量来对混凝土耐久性能进行研究，表达式如下：

$$\frac{\partial c_i}{\partial t} + \mathrm{div}(J_i) + r_i = 0$$

$$J_i = -D_i \mathrm{grad}(c_i) - \frac{D_i z_i F}{RT} c_i \mathrm{grad}(\psi) - D_i c_i \mathrm{grad}(\ln\gamma_i) - \frac{D_i c_i \mathrm{grad}(\ln\gamma_i)}{T} \mathrm{grad}(T) + c_i v$$

$$D_i = D_{si} \frac{\varphi}{\tau D} \tag{1-34}$$

式中，i 为离子种类；c 为离子的浓度；J 为扩散通量；r 为系统内的反应项；D_i 为混凝土中离子的扩散系数；D_{si} 为混凝土孔溶液中粒子的扩散系数；φ 和 τD 分别为混凝土的孔隙度及曲折度；T 为环境温度；z 为离子的价电子数；γ 为化学活性系数；ψ 为电化学势。

(2) 基于损伤演化的扩散模型。

宁波大学孙超、陈建康[149]假设混凝土材料在受到硫酸盐侵蚀时的开裂和破坏主要是由钙矾石的膨胀引起的，并根据菲克第二定理，建立了硫酸根离子的扩散方程如下：

$$\frac{\partial C}{\partial t} = \frac{\partial}{\partial t}\left(D_{\mathrm{eff}} \frac{\partial C}{\partial x}\right) - k \times C \times U_{\mathrm{CA}}$$

$$U_{\mathrm{CA}} = C_{3\mathrm{A}}^0 \times \left(1 - h_\alpha + \frac{1}{2}\beta h_\alpha + \beta h_\alpha \times \mathrm{e}^{\frac{1}{6}kCt}\right) \mathrm{e}^{-\frac{1}{3}kCt} \tag{1-35}$$

$$h_\alpha = 1 - 0.5[(1 + 1.67\tau)^{-0.6} + (1 + 0.29\tau)^{-0.48}]$$

式中，C 为单位体积混凝土中的硫酸根离子浓度；x 为离混凝土表面的距离；t 为扩散时间；D_{eff} 为硫酸根离子在混凝土中的有效扩散系数；k 为硫酸盐与水泥水化产物的反应速率；U_{CA} 为铝酸钙的浓度；$C_{3\mathrm{A}}^0$ 为混凝土中铝酸三钙的初始含量；β 为石膏的初始含量；h_α 为水泥水化程度，与水化时间有关。

c 硫酸盐侵蚀全过程劣化模型

(1) 经验模型。

Kurtis[150]等依托美国农垦局的长期观测数据，并通过大批量的、长时间的硫酸盐自然浸泡试验，建立了混凝土材料宏观性能与硫酸盐侵蚀作用之间的内在联系，提出了材料膨胀率与腐蚀时间，C_3A 含量和材料水胶比之间的经验公式，从而对混凝土材料的膨胀劣化进行评价，具体如下：

$$
\begin{aligned}
&EXP(\%) = \alpha_1 + \alpha_2 \times t \times W/C + \alpha_3 \times t \times C_3A && (C_3A < 8.0\%) \\
&\ln(EXP(\%)) = \alpha_1 + \alpha_2 \times t \times W/C + \alpha_3 \times \ln(t \times C_3A) && (C_3A > 10.0\%)
\end{aligned}
\tag{1-36}
$$

式中，α_i 为模型参数；W/C 为水胶比；C_3A 为钙铝酸盐的浓度。

（2）现象学模型。

Clifton[151] 在现象学理论的基础之上提出了硫酸盐侵蚀模型，该模型假设当侵蚀产物的自膨胀效应已大于混凝土内部毛细孔的体积时，混凝土产生膨胀破坏，具体如下：

$$
\begin{aligned}
X &= h\,(X_p - \varphi_c) \quad && \text{当 } X_p > \varphi_c \\
X &= 0 && \text{当 } X_p < \varphi_c \\
\varphi_c &= \mathrm{Max}\left(f_c \frac{\frac{w}{c} - 0.39\alpha}{\frac{w}{c} + 0.32},\ 0 \right)
\end{aligned}
\tag{1-37}
$$

式中，X 为混凝土体积膨胀分数；φ_c 为混凝土毛细孔孔隙度；f_c 为水泥石体积分数；α 为水化程度；X_p 为反应产物的体积增量分数；h 为试块实际体积膨胀分数与理想体积膨胀分数的比值。

（3）力学损伤理论模型。

Krajcinovic 等[152] 针对脆性固体与水性腐蚀性化学物质的反应，在微观尺度上体现扩散、化学反应、反应膨胀、产物和微裂化等物理化学过程，并建立了混凝土受硫酸盐侵蚀的物化力耦合模型，即

$$
\begin{aligned}
D &= D_0\left(1 + \frac{32}{9}w\right) + D_p \\
D_p &= \begin{cases} 0 & \text{当 } w < w_e \\ D_0 \dfrac{(w - w_e)^2}{w_{ec} - w} & \text{当 } w_e < w < w_{ec} \\ \infty & \text{当 } w > w_{ec} \end{cases}
\end{aligned}
\tag{1-38}
$$

式中，w 为单位体积内的裂缝数量；w_e 为渗透临界值；w_{ec} 为开裂临界值。

d　混凝土受硫酸盐侵蚀的数值仿真研究

在理论联系实际的科学指导思想以及数据处理技术高速发展的大背景之下，采用一种或多种可靠的理论分析方法，结合室内加速试验，并借助数据分析软件，建立切实可行的数值仿真模型已成为国内外学者研究条件复杂、干扰因素多样化问题的重要手段。

硫酸盐对混凝土的侵蚀是离子扩散反应、化学反应、微膨胀力等耦合因素作用下的多维、多因素的损伤过程，单一的试验条件或理论依据已不足以说明其内在反应机理，因此，国内外学者纷纷从数值模拟的角度出发，探讨混凝土受硫酸盐侵蚀破坏的内在机理，如 Casanova 等[153]提出了用于评估由硫化物氧化引起的膨胀动力学演化以及随后的硫酸盐对浆料的侵蚀模型，Marchand 等[154]在考虑了饱和体系中化学平衡的前提下提出了用于评估硫酸钠溶液对混凝土耐久性能影响的数值模型，该模型对不同水胶比、不同水泥种类、不同硫酸盐浓度等对扩散性能的影响规律，发现硫酸根离子在材料中的渗透不仅是含硫酸盐相沉淀的原因，而且导致氢氧化钙溶解和 C-S-H 凝胶脱钙等，Gospodinov 等[155]考虑了在界面处指定的各种条件，以及作为惰性填料对单独的体积段进行建模的可能性的情况下建立了非稳定 3D 扩散模型，并得到 3D 非稳定方程如下：

$$\frac{\partial C}{\partial t} = L_x C + L_y C + L_c C - k\left(1 - k_z q\right)_c^2 \tag{1-39}$$

式中，算子 $L_x C$、$L_y C$、$L_z C$ 为 x、y、z 轴上的扩散与对流质量平衡；$C(x, y, z, t)$ 为孔隙溶液中 t 时刻在（x, y, z）处的离子浓度；$q(x, y, z, t)$ 为 t 时刻(x, y, z) 处参与化学反应的离子数；k 为多相化学反应速率常数；k_z 为毛细管填充系数。

同时，我国学者杜应吉和李元婷[156]根据南京地铁工程高性能混凝土在硫酸盐侵蚀环境下的试验研究结果，以抗折强度为评价指标，并综合考虑硫酸盐浓度、水胶比等因素的影响，初步建立了基于混凝土衰变规律的抗硫酸盐侵蚀耐久寿命模型如下式所示：

$$t = 500\ln\frac{3.06R_0 e^{0.0178c}}{(1 - 0.02n^2 + 0.0123n)s^{-1.246}} \tag{1-40}$$

式中，t 为混凝土的龄期（$t \geqslant 10$ 年）；n 为硫酸盐浓度；s 为水胶比；c 为掺合料的掺量；R_0 为初始抗折强度。

综上所述，经过长期的实践和理论研究[157~162]，混凝土的服役寿命预测模型已较为成熟且衍变出众多单因素、多因素作用下的改进模型，现实意义巨大，对于混凝土长期性能和耐久性能研究具有重要的指导意义。但是，随着社会的发展，混凝土这一重要的人工建筑材料自身也发展出众多适用于特殊气候、地质条件下的特性混凝土，如高寒、高盐地区混凝土材料的开发和研究，沙漠地区混凝土材料的开发等。因此，现有的混凝土服役寿命预测模型已不足以满足使用要求，故有必要针对沙漠、高寒、高盐、多风地区就地取材之后研发的风积沙粉体混凝土服役寿命预测模型进行研究和探讨。

1.3　研究内容及技术路线

1.3.1　研究内容

本研究在充分考虑中国内蒙古自治区风积沙资源优渥，基建工程水泥消耗量大，新型粉体材料开发以及环境保护形势严峻的客观事实下，积极响应国家“十三五”规划中保护资源环境和改善基础设施的精神，紧抓“一带一路”等北疆建设新机遇的发展契机，并结合内蒙古自治区纬度较高，高原面积大，冬季长而严寒，夏季短而炎热，春秋风大的气候条件，以及降水少而集中，土壤盐碱化严重的地域条件，综合调研评估后确定以下研究内容：

（1）风积沙理化性质、风积沙粉体活性及碱激发改性研究；

（2）冻融、盐浸环境下风积沙粉体混凝土劣化机理及耐久性能研究；

（3）冻融、干湿环境下风积沙粉体混凝土劣化机理及耐久性能研究；

（4）风沙冲蚀、碳化环境下风积沙粉体混凝土劣化机理及耐久性能研究；

（5）冻融、碳化环境下风积沙粉体混凝土劣化机理及耐久性能研究；

（6）基于碳化的风积沙粉体混凝土服役寿命灰色预测模型；

（7）基于硫酸盐侵蚀的风积沙粉体混凝土服役寿命预测模型。

综上所述，本研究致力于开发出新型粉体材料——风积沙粉体，配制风积沙粉体混凝土，进而探讨风积沙粉体混凝土耐久性能，并建立风积沙粉体混凝土服役寿命预测模型，从而为沙漠地区经济建设及社会发展做出贡献，为中国乃至全球沙漠地区生态环境及发展问题研究提供新的思路。

1.3.2　本研究技术路线

本研究整体遵循室内试验为主，社会调研为辅，理论结合实际，主观协调客观，宏观联系微观，辩证统一，重视过程，尊重科学，严谨求实的研究态度及原则确定本研究技术路线。

本研究按照实地考察调研→内蒙古自治区风积沙资源特性分析→文献查阅→宏观试验分析→微观试验分析→机理分析→模型建立及预测的思路进行研究，具体技术路线如图 1-3 所示。

由图 1-3 可知，本研究的主线有风积沙粉体活性及激发机理、风积沙粉体混凝土劣化机理及耐久性能研究两条，并据此展开宏观、微观方面的室内试验研究，而后在室内加速试验的基础之上，结合现有理论研究的成果，进行风积沙粉体混凝土耐久性能及服役寿命预测模型研究。

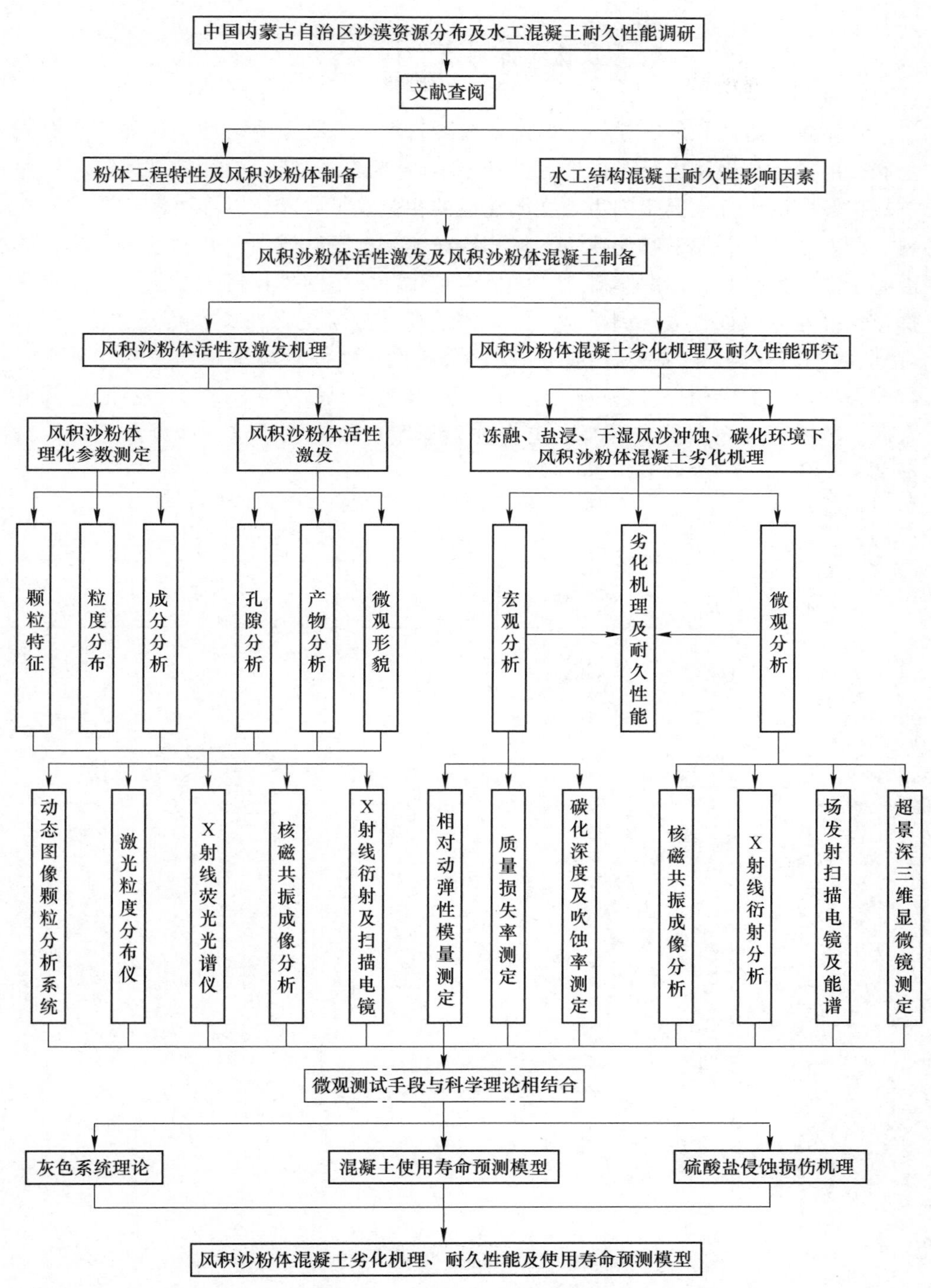

图 1-3 风积沙粉体混凝土耐久性能及服役寿命预测模型研究技术路线

1.4 本章小结

本章重点对风积沙、粉体、碱激发胶凝材料、混凝土耐久性损伤失效及混凝土服役寿命预测模型进行了概述，并确定本研究技术路线，而后依据国家环境保护战略及党的十九大提出的生态文明建设的相关政策要求，以沙漠沙资源为原材料，开发新型非金属矿物粉体——风积沙粉体，激发其活性，并制备风积沙粉体混凝土，而后对其在高寒、高盐、多风、碳化环境下的劣化机理及耐久性能进行探讨，并建立服役寿命预测模型，为风积沙粉体混凝土在西部大开发“十三五”规划、“一带一路”、国家“7918”高速公路网、空间环境地基监测网等基础工程建设项目中的应用提供理论依据，这不仅有利于风沙灾害治理，也有利于降低资源及能源消耗量，保护环境，更有利于降低工程建设成本，社会及经济效益显著。

2 原材料检测、配合比设计、试件制备及试验方法简介

2.1 原材料性能检测

根据《建筑材料检验手册》（ISBN 978-7-8022-7084-8）、《水工混凝土试验规程》（SL 352—2018）等原材料检验规程，并依托内蒙古农业大学“土木工程结构与材料研究所”的试验设备及场地，对试验所用风积沙、风积沙粉体、水泥、砂子、石子、粉煤灰、减水剂、引气剂进行检测，部分原材料取样及检测过程如图 2-1 所示，检测结果均满足标准要求，具体如下。

a

b

c

d

e

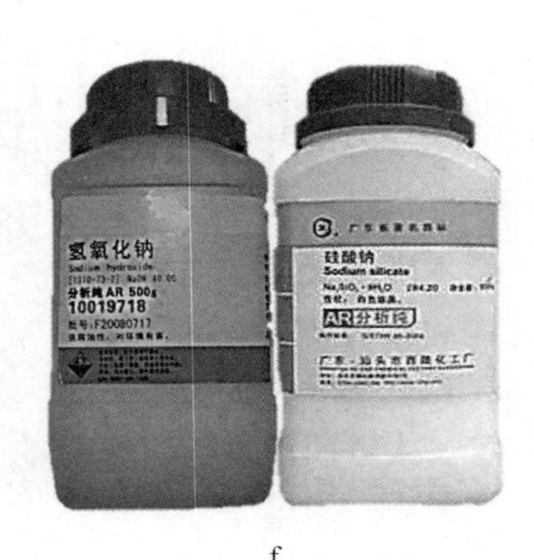

f

图 2-1　本试验所用部分原材料及检测过程图

a—风积沙；b—风积沙粉体；c—河砂；d—P · O42.5 水泥；e—卵石；f—激发剂

试验用沙取自内蒙古自治区库布齐沙漠地区广泛分布的风积沙（图 2-1a），普通砂取自内蒙古自治区呼和浩特市周边砂场，两者理化参数指标见表 2-1；采用 WEM-10 型超微粉碎振动磨制备风积沙粉体，并利用 BT-1800 型动态图像颗粒分析系统、BT-2002 型激光粒度分布仪，测得其理化参数指标见表 2-2；试验用水泥理化参数指标见表 2-3；试验用卵石理化参数指标见表 2-4；试验用呼和浩特市金桥电厂二级粉煤灰理化参数指标见表 2-5；试验用外加剂为内蒙古荣升达新材料有限责任公司的聚羧酸系高性能减水剂，理化参数指标见表 2-6；利用 RIGKU ZSX Primus Ⅱ型 X 射线荧光光谱仪测得水泥、风积沙粉体、风积沙粉体-水泥胶凝体系矿物成分如表 2-7 所示；风积沙粉体—水泥胶凝体系理化性质指标见表 2-8；引气剂为 SJ-3 型高效引气剂，试验用水为普通自来水。

表 2-1　风积沙、普通砂理化性质指标

类别	表观密度 /kg · m^{-3}	细度模数	含水率 /%	堆积密度 /kg · m^{-3}	含泥量 /%	泥块含量 /%	有机质含量	含氯量 /%	硫化物含量/%
风积沙	2584	0.72	0.3	1579	0.41	—	浅于标准色	0.025	0.37
砂	2576	2.91	2.2	1790	3.48	0.3	浅于标准色	0.29	0.4

表 2-2　风积沙粉体理化性质指标

类别	表观密度 /kg · m^{-3}	长径比	圆形度	D_{50} /μm	D_{98} /μm	SiO_2 含量/%	Al_2O_3 含量/%	CaO 含量/%	SO_3 含量/%
风积沙粉体	2640	1.36	0.93	25.31	216.68	74	9	4	0.37

表 2-3 水泥基本性能指标

类别	表面积 /$m^2 \cdot kg^{-1}$	标准稠度用水量/%	密度 /$kg \cdot m^{-3}$	体积安定性	SO_3 含量/%	筛余量 /%	凝结时间/min	
							初凝时间	终凝时间
水泥	384	27.25	3109	安定性	2.1	6.8	158	270

表 2-4 卵石理化性质

类别	表观密度 /$kg \cdot m^{-3}$	粒径范围	含水率 /%	堆积密度 /$kg \cdot m^{-3}$	含泥量/%	泥块含量/%	有机质含量	针片状含量/%	压碎指标	SO_3 含量/%
粗集料	2669	4.75~20	3	1650	0.37	0	浅于标准色	2.8	3.7	0.3

表 2-5 粉煤灰理化性质

类别	烧失量 /%	表面积 /$m^2 \cdot kg^{-1}$	需水量 /%	密度 /$kg \cdot m^{-3}$	筛余量 /%	微珠含量 /%	SO_3 含量 /%
粉煤灰	3.05	354	97.2	2150	9.7	93.3	2.1

表 2-6 聚羧酸系减水剂指标

类别	氯离子量 /%	总碱量 /%	固体含量 /%	密度 /$g \cdot cm^{-3}$	pH 值	含气量 /%	减水率 /%	泌水率比 /%
减水剂	0.42	11.2	40	1.015	6	2.9	26	57

表 2-7 风积沙粉体-水泥胶凝体系光谱半定量全分析结果

类别	SiO_2 含量/%	Al_2O_3 含量/%	CaO 含量/%	Na_2O 含量/%	MgO 含量/%	K_2O 含量/%	Fe_2O_3 含量/%	其他 /%
水泥	68	5	19	0.2	0.7	0.7	3	3.4
风积沙粉体	74	9	4	2	1	2	3	5
风积沙粉体-水泥	69.5	4	19.5	0.2	1	1	2	2.8

表 2-8 风积沙粉体-水泥胶凝体系理化性质指标

类别	比表面积 /$m^2 \cdot kg^{-1}$	标准稠度用水量 /%	密度 /$kg \cdot m^{-3}$	安定性	筛余量 /%	凝结时间/min	
						初凝时间	终凝时间
水泥	384	27.25	3109	安定	6.8	158	270
风积沙粉体-水泥	375	26.5	2970	安定	7.6	167	250

2.2　配合比设计

2.2.1　风积沙粉体—水泥胶凝体系配合比设计

依据《建筑材料检验手册》(ISBN 978-7-8022-7084-8)、《Standard Test Method for Early Stiffening of Hydraulic Cement》(ASTM C451-2013)、《水泥胶砂强度检验方法（ISO 法)》(GB/T 17671—1999)、《Standard Test Method for Compressive Strength of Hydraulic Cement Mortars》（ASTM C109）中的相关规定，设计风积沙粉体-水泥胶凝体系试验配比如表 2-9 所示，其中风积沙粉体替代水泥的质量分数为 0%、15%、20%，预养护温度分别为 20℃、35℃、50℃（为简化表格，风积沙粉体掺量为 5%、10%的情况在表格中未予以列出，表 2-9 中仅列出 0%、15%、20%的配合比设计）。

表 2-9　风积沙粉体-水泥胶砂试件配合比

<table>
<tr><th>养护条件</th><th>风积沙粉体用量/g</th><th>硫酸钠用量/%</th><th>氢氧化钠用量/%</th><th>水泥用量/g</th><th>标准砂/g</th><th>水/g</th></tr>
<tr><td rowspan="13">分组后在 20℃、35℃、50℃下，RH>95%时预养护 24h 后转为标准养护</td><td>0（0%）</td><td>—</td><td>—</td><td>450</td><td>1350</td><td>225</td></tr>
<tr><td rowspan="3">67.5（15%）</td><td>1.5</td><td>—</td><td rowspan="3">382.5</td><td rowspan="3">1350</td><td rowspan="3">225</td></tr>
<tr><td>2.0</td><td>—</td></tr>
<tr><td>2.5</td><td>—</td></tr>
<tr><td rowspan="3">90.0（20%）</td><td>1.5</td><td>—</td><td rowspan="4">360</td><td rowspan="4">1350</td><td rowspan="4">225</td></tr>
<tr><td>2.0</td><td>—</td></tr>
<tr><td>2.5</td><td>—</td></tr>
<tr><td rowspan="3">67.5（15%）</td><td>—</td><td>1.5</td></tr>
<tr><td>—</td><td>2.0</td><td rowspan="3">382.5</td><td rowspan="3">1350</td><td rowspan="3">225</td></tr>
<tr><td>—</td><td>2.5</td></tr>
<tr><td rowspan="3">90.0（20%）</td><td>—</td><td>1.5</td></tr>
<tr><td>—</td><td>2.0</td><td rowspan="2">360</td><td rowspan="2">1350</td><td rowspan="2">225</td></tr>
<tr><td>—</td><td>2.5</td></tr>
</table>

2.2.2　风积沙粉体混凝土配合比设计

依据《水工混凝土施工规范》（SL 677—2014)、《普通混凝土配合比设计规程》（JGJ55—2011)、《ACI Method of Proportioning Concrete Mixes》中 C25、C35 混凝土配合比设计的相关规定进行配合比设计。

同时，为保证风积沙粉体混凝土可以获得较好的和易性以用于工程实际，按照风积沙粉体等质量替代水泥15%，激发剂（硫酸钠）掺量为风积沙粉体质量的2.0%配制C35（水胶比为0.40、砂率为35.0%、粉煤灰掺量为20%）、C25（水胶比为0.50、砂率为40.0%、粉煤灰掺量为20%）风积沙粉体混凝土，具体配合比如表2-10所示（为简化表格，水胶比为0.30、0.35、0.45的情况未予以展示，本研究分析时也以水胶比为0.4、0.5的风积沙粉体混凝土为主）。

表2-10 风积沙粉体混凝土配合比

编号	$1m^3$混凝土所用原材料/kg								
	水泥	水	河砂	风积沙粉体	激发剂	石子	粉煤灰	减水剂/mL	引气剂/mL
C35-0	400	200	595	—	—	1105	100	3500	250
C35-15	325	200	595	75	1.5	1105	100	3500	250
C25-0	320	200	720	—	—	1080	80	1500	250
C25-15	260	200	720	60	1.2	1080	80	1500	250

注：C25-0表示风积沙粉体替代水泥的质量为0%，且强度等级为C25的普通混凝土；C25-15表示风积沙粉体替代水泥的质量为15%，且强度等级为C25的风积沙粉体混凝土；C35-0表示风积沙粉体替代水泥的质量为0%，且强度等级为C35的普通混凝土；C35-15表示风积沙粉体替代水泥的质量为15%，且强度等级为C35的风积沙粉体混凝土。

另测得C35-0、C35-15、C25-0、C25-15四组的坍落度均大于100mm（四者分别为112mm、109mm、114mm、111mm），满足设计要求，同时利用美国（FORNEY）LA-0316直读式混凝土含气量测定仪测定C35-0、C35-15、C25-0、C25-15四组的含气量分别为5.8%、6.1%、5.7%、5.9%，满足3%~8%的含气量控制范围。

2.3 试件成型、养护、基本物理力学性能及微观特性测试

2.3.1 试件成型及养护

本研究共涉及三种尺寸的试件，其中40mm×40mm×160mm风积沙粉体-水泥胶砂试件为风积沙粉体活性激发试验中活性评估所用，100mm×100mm×100mm立方体试件、100mm×100mm×400mm棱柱体风积沙粉体混凝土试件用于风积沙粉体混凝土力学性能及耐久性能试验。

风积沙粉体-水泥胶砂试件制备时先将水和激发剂加入到搅拌锅中，待其溶解后依次加入风积沙粉体和水泥后低速搅拌30s后开始加砂，再高速搅拌30s，停拌90s，停拌时将搅拌锅壁和叶片上胶砂刮入锅中，而后再继续搅拌60s后分

两层装入试模，每装一层振实 60 次，再用钢直尺一次刮去多余胶砂并抹平，最后放入 YH-90B 型养护箱内。设置养护箱内相对湿度恒定为 95%以上，养护温度初始设置值为 20℃、35℃、50℃，预养护 24h 后再将养护箱内温度调整至（20±5)℃养护至规定龄期（28d），试件制作及成型过程见图 2-2。

a

b

图 2-2　风积沙粉体-水泥胶砂试件制备
a—胶砂试件制备仪器；b—胶砂试件成型

根据内蒙古自治区气候特点，风积沙粉体混凝土试件制备时选在 6 月中下旬至 7 月底，先加入细集料与胶凝材料，搅拌均匀后，加入融有激发剂的水并将其搅拌成砂浆，再向搅拌机投入粗集料，充分搅拌后，再加入外加剂，搅拌均匀为止，累计搅拌时间不少于 2min。装入试模时分两次装入，每次装入 50mm，采用振捣棒人工振捣，按照螺旋方向，从边缘向中心均匀进行，插捣底层时，插棒应达到试模底面，插捣上层时，捣棒应穿至下层 20～30mm，插捣时捣棒应保持垂直，同时，每层用抹刀沿试模内壁插捣 15 次。试件成型后，在初凝前 1～2h 进行抹面，并用湿布覆盖带模试件，而后在（20±5)℃的室内静置 24～48h，拆模并编号。最后放入相对湿度为 95%以上，温度为（20±5)℃的 YH-90B 型养护箱内养护至规定龄期（28d），试件制作及成型过程见图 2-3。

2.3.2　基本物理力学性能

2.3.2.1　风积沙粉体-水泥胶砂试件力学实验

分别选取养护至 3d、28d 的 40mm×40mm×160mm 风积沙粉体-水泥胶砂试件，采用 WHY-300/10 型微机控制压力试验机，调整试验加荷速率为（50±10) N/s，均匀加荷至折断以测定抗折强度，而后更换抗压试验夹具，调整试验加荷

a

b

图 2-3 风积沙粉体混凝土试件现场制备
a—混凝土试件现场制作；b—混凝土试件成型

速率为（2400±200）N/s，均匀加荷至破坏以测定抗压强度，具体计算公式如下：

$$R_t = \frac{1.5F_tL}{b^3} \tag{2-1}$$

$$R_c = \frac{F_c}{A} \tag{2-2}$$

式中，R_t 为抗折强度，MPa；F_t 为折断时施加于棱柱体中部的荷载，N；L 为支撑圆柱之间的距离，mm；b 为棱柱体正方形截面的边长，mm；R_c 为抗压强度，MPa；F_c 为破坏时的最大载荷，N；A 为受压部分面积，本研究取 1600mm^2。

试验结束时，以一组 3 个棱柱体试件抗折强度结果的平均值作为试验结果，当 3 个强度值中有超出平均值±10%时，应剔除后再取平均值作为抗折强度试验结果；以一组 3 个棱柱体试件测得的 6 个抗压强度值的算术平均值为试验结果，若有 1 个测值超过平均值的±10%时，剔除该值后计算平均值作为该组试件的强度值，若剩余的 5 个数据中仍有超过的，该组数据无效，重做试验。

2.3.2.2 风积沙粉体混凝土力学性能测试

具体计算公式如下：

$$f_{cc} = \frac{F}{A} \times 0.95 \tag{2-3}$$

$$f_{ts} = 0.637 \times \frac{F}{A} \times 0.85 \tag{2-4}$$

式中，f_{cc} 为混凝土立方体抗压强度，MPa；f_{ts} 为混凝土立方体劈裂抗拉强度，

MPa；F 为试件破坏时荷载，N；A 为面积，本研究取 10000mm^2。

采用 WHY-3000 型压力机（C25 组：0.3～0.5MPa/s 匀速加载，C35 组：0.5～0.8MPa/s 匀速加载）、WAW-3000 型（C25 组：0.02～0.05MPa/s 匀速加载，C35 组：0.05～0.08MPa/s 匀速加载）万能试验机进行风积沙粉体混凝土抗压强度和劈裂抗拉强度试验，试验结束时，对试验所测得的抗压强度乘以折算系数 0.95，而后以 3 个试件测定值的算术平均值作为该组试件的强度值，若 3 个测值中的最大值或最小值与中间值的差值超过中间值的 15%，则把最值舍去，取中间值为该组试件的强度值，若最大值和最小值同时超过 15%，该组数据无效，重做试验。

2.3.2.3　风积沙粉体混凝土动弹性模量测试

具体计算公式如下：

$$E_{\mathrm{d}} = 13.244 \times 10^{-4} \times \frac{WL^3 f^2}{a^4} \tag{2-5}$$

式中，E_{d} 为混凝土动弹性模量，MPa；a 为正方形试件，边长取 100mm；L 为试件的长度，本研究取 400mm；W 为试件的质量，kg；f 为试件横向振动时的基频振动频率，Hz。

采用 NELD-DTV 型动弹性模量测定仪，每组以 3 个试件动弹性模量的试验结果的算术平均值作为测定值。

2.3.2.4　风积沙粉体混凝土质量损失率测试

具体计算公式如下：

$$\Delta m = \frac{m_0 - m_i}{m_0} \tag{2-6}$$

式中，Δm 为质量损失率，%；m_i 为第 i 次试验后的质量，g；m_0 为试件初始质量，g。

每组试件的平均质量损失率应以 3 个试件的质量损失率试验结果的算术平均值作为测定值。

2.3.2.5　风积沙粉体混凝土碳化深度测试

陈友治等[163]研究得出，水化产物稳定存在的 pH 值如表 2-11 所示，由表可知钢筋混凝土建筑物中钢筋钝化膜稳定存在的 pH 值约为 11.5。

表 2-11　水泥水化产物稳定存在的 pH 值

水化产物	C-H	C-S-H、AFt、AFm	C-A-H、钝化膜
pH 值	12.5	10.5	11.5

同时，已知现有的关于混凝土碳化深度的检测方法主要有热分析法、孔溶液分析法、孔结构分析法、X 射线物相分析法、电子探针显微分析法、酚酞指示剂法及显微硬度法等[164]，酚酞指示剂法因其简单、快捷的优势，仅需测定 pH 值即可间接反映碳化深度而被作者用于本试验，具体如下：

（1）采用 NJTH-B 型碳化试验箱，每组应以在二氧化碳浓度为（20±3）%，温度为（20±2）℃，湿度为（70±5）%的条件下 3 个试件的碳化深度的算术平均值作为测定值。

（2）1%酚酞指示剂配制：称取 0.1g 酚酞融于 10mL 酒精中，充分溶解后备用。

（3）劈裂抗拉试验结束后，滴取配制好的酚酞乙醇溶液在混凝土破坏面上。

（4）当碳化部分与未碳化部分界限清晰时，用游标卡尺测量已碳化和未碳化交界面到混凝土表面的垂直距离，测试次数不少于 5 次，取其平均值。

$$d_t = \frac{1}{n}\sum_{i=1}^{n} d_i \tag{2-7}$$

式中，d_t 为试件碳化至 t 天后的平均碳化深度，mm；d_i 为各测点的碳化深度，mm；n 为测点总数，个。

2.3.2.6 风积沙粉体混凝土抗压强度耐蚀系数计算

具体计算公式如下：

$$K_{\mathrm{f}} = \frac{f_{\mathrm{cn}}}{f_{\mathrm{co}}} \times 100\% \tag{2-8}$$

式中，K_{f} 为抗压强度耐蚀系数，%；f_{cn} 为干湿循环后试件抗压强度，MPa；f_{co} 为干湿循环前试件抗压强，MPa。采用 LSY-18A 型抗硫酸盐试验机，每组应以在硫酸盐溶液浓度为 5%的条件下 3 个试件的抗压强度耐蚀系数的算术平均值作为测定值。

2.3.2.7 风积沙粉体活化率测定

具体计算公式如下：

$$K = \frac{K_1}{K_2} \times 100\% \tag{2-9}$$

式中，K 为活化率，%；K_1 为风积沙粉体混合液初始电导率，ms/cm；K_2 为风积沙粉体混合液煮沸后电导率，ms/cm。

2.3.2.8 风积沙粉体活性指数测定

具体计算公式如下：

$$A = \frac{R_1}{R_2} \times 100\% \tag{2-10}$$

式中，A 为抗压强度比或活性指数，%；R_1 为风积沙粉体-水泥胶砂试件 28d 抗压强度，MPa；R_2 为基准水泥组 28d 抗压强度，MPa。

2.3.3　微观特性测试

2.3.3.1　微观形貌测试

采用 Sigma500 场发射扫描电子显微镜（如图 2-4a 所示），分辨率为 0.8nm@30kV STEM、0.8nm @ 15kV 、1.4nm @ 1kV，放大倍数为 10~1000000，加速电压为 0.02~30kV，探针电流为 3pA~20nA，低真空范围为 2~133Pa。取样时选取片状和表面平整的以及适合电镜底座大小的砂浆试块，制备成 5mm×5mm 的正方形待测样，若不平整则粘贴导电胶以调平，从而保证观察面始终处于水平面，另由于砂浆试块导电性不好，高强度的电子束作用在样品表面会产生电荷堆积，使图像的质量下降，故在样品表面喷镀一层导电金属，镀膜厚度为 7nm，试验时再对样品所处的样品室进行抽真空处理，而后通过软件界面对灯丝加高压，进行样品观察，并拍摄不同点位（选取 5~10 个），不同放大倍数（500 倍、3000 倍、5000 倍）的扫描电镜图片。

采用 Leica Z16APOA 超景深三维显微镜（如图 2-4b 所示）对试件表观形貌进行初步观测，该仪器变焦范围 16 : 1，标准光学放大倍数 7.1×~115×（1× PLAN APO 物镜，10×目镜，1.25× Y 管），最大光学放大倍数 920×（2× PLAN APO 物镜，40×目镜，1.25× Y 管），最大分辨能力为 702LP/MM。

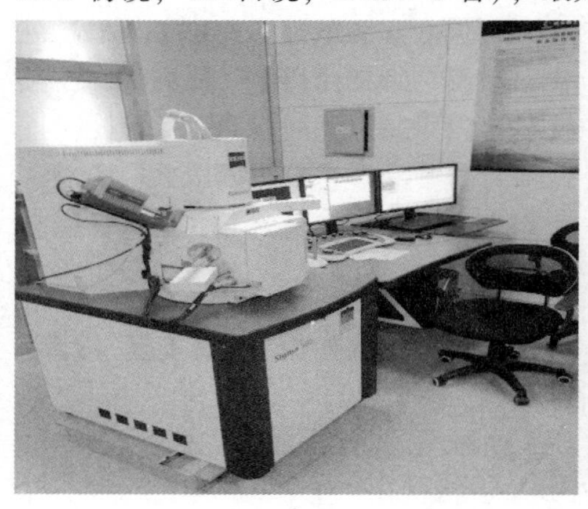

a

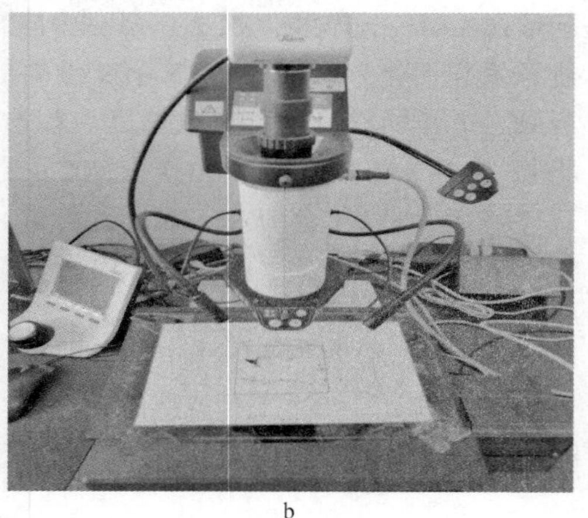

b

图 2-4　微观形貌测试所用仪器

a—Sigma500 型扫描电镜；b—Z16APOA 型超景深三维显微镜

2.3.3.2 孔隙特征测试

采用上海纽迈电子科技有限公司的 MesoMR23-060V-1 型核磁共振仪（NMR, Nuclear Magnetic Resonance）测试孔隙特征。该仪器的磁体类型为永磁体，磁场均匀度为 20ppm，探头线圈直径为 60mm，射频发射频率为 300W 以上，H 质子共振频率为 23.320MHz，磁体强度 0.55T，磁体温度为 32℃，磁场稳定性为小于 300Hz/h。

利用取芯机从被乙醇终止水化后的试件中钻取 ϕ50mm×H50mm 的圆柱体样品，并进行真空抽水饱和处理，最后擦干样品表面水分，在表层裹一层生料带后进行测试，测试时环境温度为 25℃，环境湿度为 60%，所用仪器如图 2-5 所示。

a

b

图 2-5 微观孔隙测试所用仪器及样品

a—MesoMR23-060V-1 型核磁共振仪；b—核磁测试所用样品

核磁共振相关参数计算如下：孔隙度、渗透率和束缚流体饱和度、横向弛豫时间等[165,166]参数的测定属于核磁共振孔隙特征测试一部分，对于孔隙度的测定，采用标准样定标法测量试件的孔隙度，首先测量一组标准样（一般选取标样个数大于 5），得到其信号量，根据已知孔隙度和体积，获得单位体积核磁共振信号与孔隙度之间的关系式：

$$y = ax + b \tag{2-11}$$

式中，y 为单位体积核磁共振信号量；x 为核磁共振孔隙度，%；a 为斜率；b 为截距。

由公式（2-11）得到定标线及 a、b 值。随后将饱和试件放入核磁共振仪器中进行测量，获得试验孔隙中流体的 T_2 弛豫时间谱及信号量 A_0（谱面积），信号总量除以试件体积，得到单位体积试件 T_2 弛豫时间谱信号量，然后根据定标线的关系式（2-12），计算试件核磁共振孔隙度：

$$y = \frac{A_0}{V} \tag{2-12}$$

式中，V 为试件体积，cm^3。

混凝土渗透率和内部孔隙度与孔隙尺寸成正比，核磁共振测试渗透率采用 Coates 模型进行计算：

$$K = \left(\frac{\varphi}{C}\right)^4 \left(\frac{FFI}{BVI}\right)^2 \tag{2-13}$$

式中，K 为渗透率，mD；φ 为混凝土孔隙度,%；C 为待定调整系数；FFI（Free Fluid Index）为自由流体饱和度,%；BVI（Bulk Volume Irreducible）为束缚流体饱和度,%。

束缚流体饱和度是指试件中不可动流体所占的孔隙体积与试件中总孔隙体积的比值，核磁共振 T_2 弛豫时间谱代表了试件孔径分布情况，当孔径小到某一程度后，孔隙中的流体将被毛细管力所束缚无法流动，因此，在 T_2 弛豫时间谱上存在一个界限，本研究取 T_2 截止值经验值为 10ms，当孔隙流体的弛豫时间小于该弛豫时间时候，流体称为不可动流体，反之，则为自由流体。

弛豫时间指在频率等于拉莫频率的脉冲交变磁场结束后，自旋将逐步释放或交换能量，宏观磁化矢量逐渐消失，恢复到平衡状态。自旋系统的这一恢复过程称为弛豫。恢复过程的快慢，用弛豫时间表示，质子之间的磁相互作用会引起纵向弛豫 T_1 和横向弛豫 T_2。因为纵向弛豫试件 T_1 测量耗时较长且不能全面地反映内部孔隙情况，所以对于多孔介质的核磁共振采用横向弛豫时间 T_2，计算公式如下：

$$\frac{1}{T_2} = \frac{1}{T_{2S}} + \frac{1}{T_{2D}} + \frac{1}{T_{2B}} \approx \frac{1}{T_{2S}} = \rho_2 \left(\frac{S}{V}\right)_{pore} \tag{2-14}$$

式中，T_2 为孔隙流体的横向弛豫时间，ms；T_{2S} 为表面弛豫，ms；T_{2D} 为扩散弛豫，可忽略，ms；T_{2B} 为体弛豫，是流体固有的弛豫特性，它由流体的物理特性决定，可忽略，ms；ρ_2 为表面弛豫率，μm/s；$\left(\frac{S}{V}\right)_{pore}$ 为孔隙表面积与体积之比，μm^{-1}。

2.3.3.3　产物分析

在用乙醇终止水化后的试件中取样，微细化处理后过 0.075mm 筛，而后采用 X 射线衍射、光谱半定量、能谱分析等手段测定其水化产物及成分。

X 射线衍射分析：采用 Panalytical Empyrean diffractometer 型 X 射线衍射仪（如图 2-6a 所示），该仪器采用陶瓷 X 光管，Cu 靶发射（$\lambda = 1.5405 \times 10^{-10}$ m），最大功率 2.2kW，扫描速度为 0.013°，测角重现性为 0.0001°，扫描范围为 5°~80°，最大计数率超过 109cps。

光谱半定量全分析：采用 RIGAKU ZSX PriusⅡ型 X 射线荧光光谱仪（如图 2-6b 所示），采用 4kW、30μm 薄窗 X 射线光管，分辨率为 100μm，定点最小直径 500μm 并使用流气式气体正比计数器（F-PC）作为测量轻元素时的探测器。

能谱分析：采用 Sigma500 场发射扫描电子显微镜所附带能谱功能对进行电镜分析的样品同步进行能谱分析，每个样品打 5 个能谱点。

2.3.3.4 微观力学特性分析

采用美国安捷伦 U9280A Nano Indenter G200 型纳米压痕仪（图 2-6c）对试验前后试样进行测试，该仪器位移分辨率为 0.02nm，最大荷载为 500mN，荷载分辨率为 50nN，最大位移范围为大于等于 1.5mm。测试时制备的试样（图 2-6d）上下表面应平行抛光，且直径不超过 30mm，高度不超过 35mm。

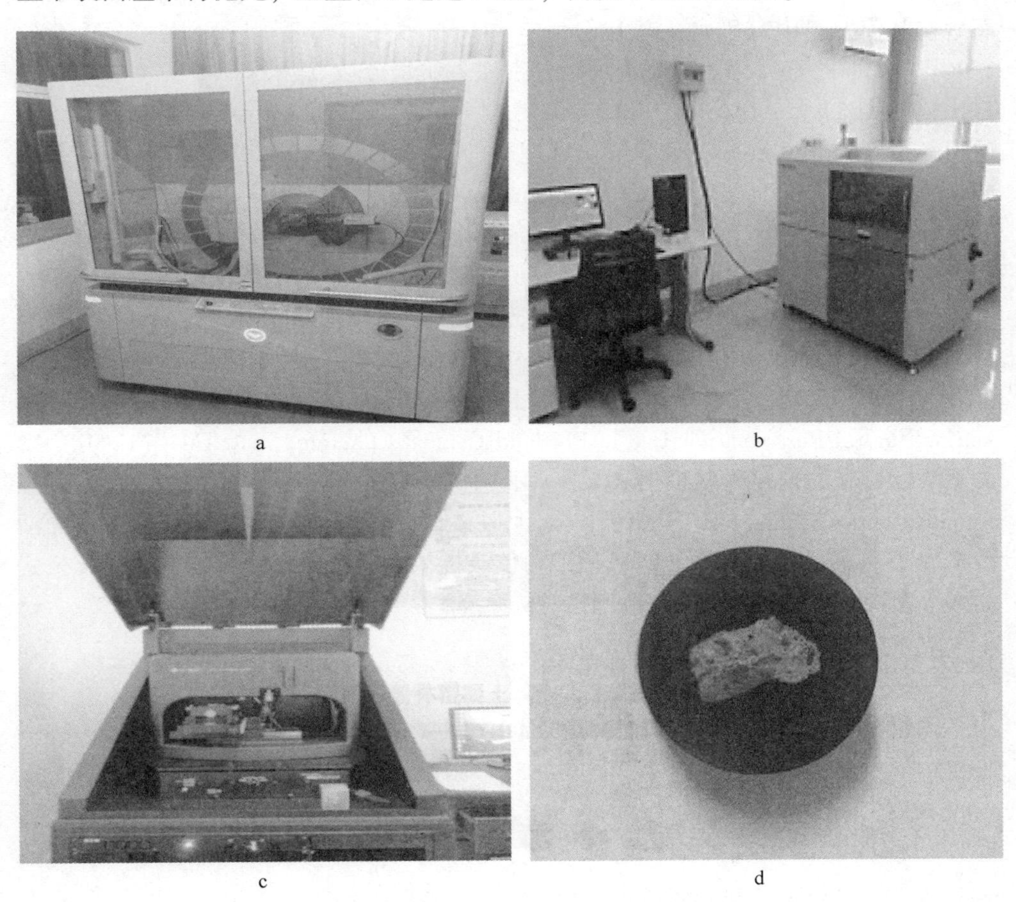

a b c d

图 2-6 产物及微观力学分析所用仪器

a—X 射线衍射仪；b—RIGAKU ZSX PriusⅡ型 X 射线荧光光谱仪；
c—U9280A Nano Indenter G200 型纳米压痕仪；d—纳米压痕测试所用试样

2.4 试验方法简介

2.4.1 风积沙粉体活性及碱激发改性研究

史才军等[34]根据碱激发剂化学组分将其分为苛性碱、非硅酸盐的弱酸盐、硅酸盐、铝酸盐、铝硅酸盐、非硅酸盐的强酸盐六类。故本研究根据“碱激发”理论中碱溶液激发高炉矿渣模型，采用非硅酸盐的强酸盐类中的硫酸钠、苛性碱中的氢氧化钠作为激发剂，进行风积沙粉体活性及碱激发改性研究，并采用电导率法与活性指数法对激发效果进行评价，具体如下：

（1）电导率法。选取六个 250mL 三角烧瓶，分别加入 100mL 饱和石灰水，而后在其中三组中分别加入质量分数（占风积沙粉体质量的百分比）为 1.5%、2.0%、2.5%的氢氧化钠，剩余三组分别加入质量分数（占风积沙粉体质量的百分比）为 1.5%、2.0%、2.5%的硫酸钠，稳定 2h 后测定混合液初始电导率，然后将经过 WEM-10 型振动磨微细化处理后的风积沙粉体量取质量均为 5g 的六份样品分别放入 250mL 三角烧瓶中，采用冷凝回流的方式煮沸 2h 冷却后测定混合液的电导率，通过测量电导率的变化来评价其活化率（用 K 表示,%），计算公式如式（2-9）所示，同时，采用光谱半定量分析方法测定煮沸后溶液中的活性物质 SiO_2 含量，从而对风积沙粉体改性效果进行细观评价，所用仪器如图 2-7a 所示。

（2）活性指数法。依据《用作水泥混合材料的工业废渣活性实验方法》（GB/T 12597—2005）和美国《Standard Test Methods for Sampling and Testing Fly Ash or Natural Pozzolans for Use in Portland Cement Concrete》（ASTM C311-07）中关于活性检验的规定，并根据表 2-9 所示风积沙粉体-水泥胶凝体系配合比，制备 40mm×40mm×160mm 的风积沙粉体-水泥胶砂试件，进而应用结果评价法中的活性指数法（用 A 表示,%），对风积沙粉体改性效果进行宏观评价，具体计算公式如式（2-10）所示，所用仪器如图 2-7b 所示。

2.4.2 风积沙粉体混凝土抗冻性试验方法

按照《普通混凝土长期性能和耐久性能试验方法标准》（GB/T 50082—2009）、《水工混凝土试验规程》（SL 352—2018）、《Standard Test Method for Resistance of Concrete to Rapid Freezing and Thawing》（ASTM C666/C666M—2003）要求，采用 TDR-16 型混凝土快速冻融试验机，在风积沙粉体混凝土到达龄期前 4d，以 3 个 100mm×100mm×400mm 的棱柱体试件为一组，放入（20±3）℃的冻融介质中浸泡 4d，然后将已浸水的试件擦去表面水分后，测定试件初始相对动弹性模量和质量，随即将试件装入试件盒中，加入冻融介质到浸没试件顶面

20mm。冻融循环一次历时3h，试件中心温度为（−18±2)℃～(5±2)℃，每25次为一冻融循环周期后测定棱柱体试件相对动弹性模量和质量，当相对动弹性模量下降到初始值的60%，或质量损失率超过5.0%时，试验停止，具体计算公式如式（2-5）和式（2-6）所示，所用仪器如图2-8所示。

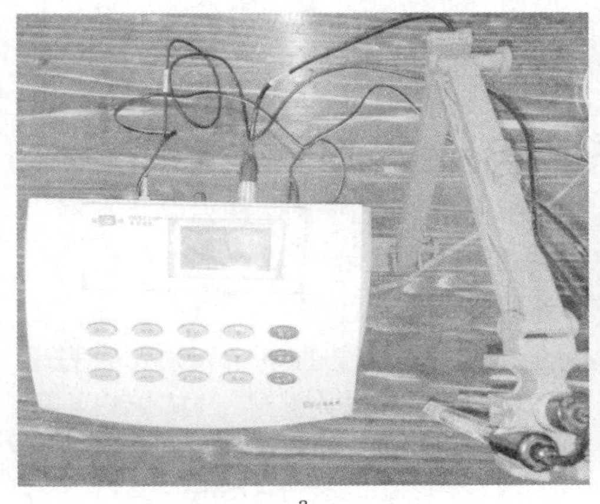

a

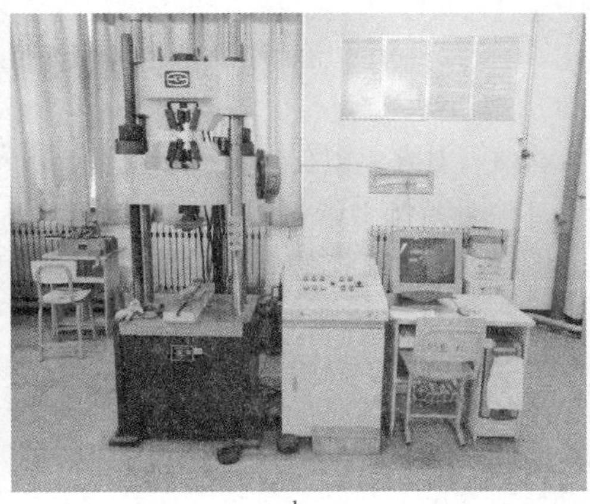

b

图2-7 风积沙粉体激发试验所用部分仪器

a—DDSJ-308A型电导率仪；b—WAW-3000型万能试验机

a

b

图2-8 风积沙粉体混凝土抗冻性试验所用部分仪器

a—TDR-16型快速冻融试验机；b—NELD-DTV型动弹性模量试验仪

2.4.3 风积沙粉体混凝土碳化试验方法

按照《普通混凝土长期性能和耐久性能试验方法标准》(GB/T 50082—

2009)、《水工混凝土试验规程》(SL 352—2018)、《Standard Test Method for Resistance of Concrete to Rapid Freezing and Thawing》(ASTM C666/C666M-2003) 要求，以 3 个 100mm×100mm×400mm 的风积沙粉体混凝土棱柱体试件为一组，于 28d 龄期前两天将试件从标准养护室取出，然后在 (60±2)℃温度下烘 48h，而后取出放入碳化试验箱。设定箱内二氧化碳浓度为 (20±3)%，相对湿度为 (70±5)%，温度为 (20±5)℃，分别碳化 3d、7d、14d、28d 后取出试件，并利用 LR-1 型切割机割取 100mm×100mm×100mm 立方体试件，而后在 WAW-3000 型万能试验机上进行劈裂抗拉试验，并取劈裂后的试件刷去断面上的粉末，随即喷上 1%酚酞乙醇溶液，按原先标划的每 1mm 一个测量点分别测出两侧面各点的碳化深度 (不变色的区域)，并求出碳化至各阶段的平均碳化深度 (d_t)，具体计算公式如式 (2-7) 所示，所用仪器如图 2-9a 所示。

2.4.4 风积沙粉体混凝土抗硫酸盐侵蚀试验方法

按照《普通混凝土长期性能和耐久性能试验方法标准》(GB/T 50082—2009)、《水工混凝土试验规程》(SL 352—2018)、《Standard Test Method for Resistance of Concrete to Rapid Freezing and Thawing》(ASTM C666/C666M-2003) 要求，在养护至 28d 龄期的前 2d，将需要进行干湿循环的试件从标准养护室取出，擦干试件表面水分，然后在 (80±5)℃烘箱中烘干 48h，冷却至室温后放入 LSY-18A 型抗硫酸盐试验机试件架中，相邻试件之间应保持 20mm 间距，最后加入配制好的浓度为 5%硫酸钠 (Na_2SO_4) 溶液，溶液应至少超过最上层试件表面 20mm，然后开始浸泡。浸泡时间为 (15±0.5)h，而后在 30min 内排液，溶液排空后将试件风干 30min，风干过程结束后应立即升温，应将试件盒内的温度升到 (80±5)℃，每个干湿循环的总时间为 (24±2)h，当抗压强度耐蚀系数达到 75%，或干湿循环次数达到 150 次，或达到设计抗硫酸盐等级相应的干湿循环次数时停止试验，具体计算公式如式 (2-8) 所示，所用仪器如图 2-9b 所示。

2.4.5 风积沙粉体混凝土抗风沙冲蚀试验方法

本研究采用申向东教授团队研发的风沙冲蚀仪[167]进行试验，具体如下：

选用中国内蒙古自治区库布齐沙漠的细度模数为 0.72 的风积沙，筛除杂质后作为风沙冲蚀试验的风沙源，综合考虑中国境内沙尘暴发生频率、强度、沙尘物质组成等因素，并结合现有研究基础[168~172]，确定本试验风沙冲蚀参数为：风速 31m/s，携沙量 60g/min，冲蚀角 90°、45°，冲蚀时间 12min，对风积沙粉体混凝土进行风沙冲蚀试验，冲蚀后的质量损失计算公式如式 (2-6) 所示，所用仪器如图 2-9c 所示。

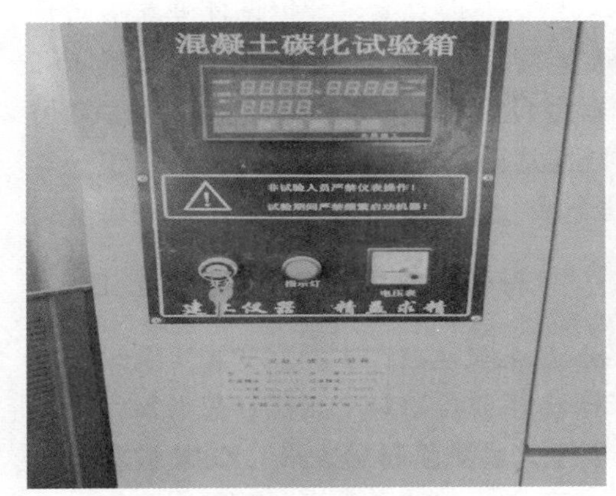

a

b

c

图 2-9 风积沙粉体混凝土风沙吹蚀试验所用部分仪器

a—NJTH-B 型碳化试验箱；b—LSY-18A 型抗硫酸盐试验机；c—风沙吹蚀仪

2.5 本 章 小 结

本章从原材料性能检测、配合比设计、试件成型及养护、试验方法简介四个方面综合概述了风积沙粉体理化性质研究、风积沙粉体活性激发、风积沙粉体-

水泥胶砂试件及风积沙粉体混凝土试件的成型及养护方法，并根据标准要求制备相应的试件及确定试验流程，进而为后续耦合工况下风积沙粉体混凝土耐久性能试验的进行提供了依据，同时，对各评价指标的测试及计算方法也进行了综合概述，从而保证试验数据来源的真实与可靠。

3 风积沙粉体活性及碱激发改性研究

利用中国内蒙古库布齐沙漠的风积沙制备风积沙粉体，采用沸煮法，研究了不同质量分数的硫酸钠、氢氧化钠对风积沙粉体中活性物质溶出量的影响。同时，依据“碱激发”理论，以激发剂的种类、质量分数及预养护温度为变量，通过电导率试验、风积沙粉体-水泥胶砂强度试验，对风积沙粉体活性及改性效果进行了探讨，并通过光谱半定量全分析、X 射线衍射（XRD）、场发射扫描电镜（FESEM）、核磁共振技术（NMR）等微观测试手段分别研究其矿物组成、微观形貌及孔隙特征，进而从微观角度探讨风积沙粉体内在激发机理及作为碱激发胶凝材料的可行性。

3.1 宏观试验结果及分析

3.1.1 风积沙粉体活性试验结果及分析

活性试验中，随着理化反应的进行，溶液中游离态存在的阴阳离子含量发生变化，电导率也随之变化，因此可通过测量电导率的变化程度来评价其活性，如 McCarter、Wansom、Villar-Cociña[173,174] 将偏高岭土、硅微粉、煅烧页岩、谷壳灰、竹叶灰浸入石灰溶液或石灰浆体后的电导率进行了测量，以研究其活性，故作者依据 2. 4. 1 节所示电导率试验方法，测得风积沙粉体电导率试验结果如表 3-1 所示，并依据 2. 4. 1 节所示活性指数法测得风积沙粉体-水泥胶砂试件活性指数试验结果如图 3-1 所示，同时，活性及改性试验结束后，选取试块中心部位固化浆体，用乙醇终止水化后进行后续微观测试。

由表 3-1 可知，加入硫酸钠的质量分数分别为 1. 5%、2. 0%、2. 5%时，风积沙粉体活化率 K 依次为 117. 6%、129. 4%、129. 7%，而激发剂为氢氧化钠时分别为 127. 4%、138. 6%、143. 4%，SiO_2 溶出量则随着溶液碱性的增加而逐渐增加，这表明随着激发剂质量分数的增加及溶液碱性的逐渐增强，风积沙粉体活化率及 SiO_2 溶出量也逐渐增多。

由图 3-1 可知，风积沙粉体掺量为 15%，预养护温度为 35℃（见 2. 2. 1 节配合比设计）时的风积沙粉体-水泥胶凝试件活性指数随激发剂硫酸钠、氢氧化钠掺量的增加呈现先增加后降低的趋势，且硫酸钠组活性指数明显高于氢氧化钠组，其中硫酸钠掺量为 2.0%时的活性指数为 108.2%。

表 3-1　风积沙粉体电导率试验结果表

风积沙粉体/%	硫酸钠/%	氢氧化钠/%	初始电导率/mS · cm^{-1}	煮沸后电导率/mS · cm^{-1}	活化率/%	SiO_2 溶出量/%
15	1.5	—	12.27	10.43	117.6	1.74
	2.0		16.20	12.52	129.4	2.81
	2.5		20.25	15.61	129.7	2.96
	—	1.5	34.88	27.38	127.4	2.94
		2.0	46.50	33.55	138.6	3.22
		2.5	58.13	40.53	143.4	3.89

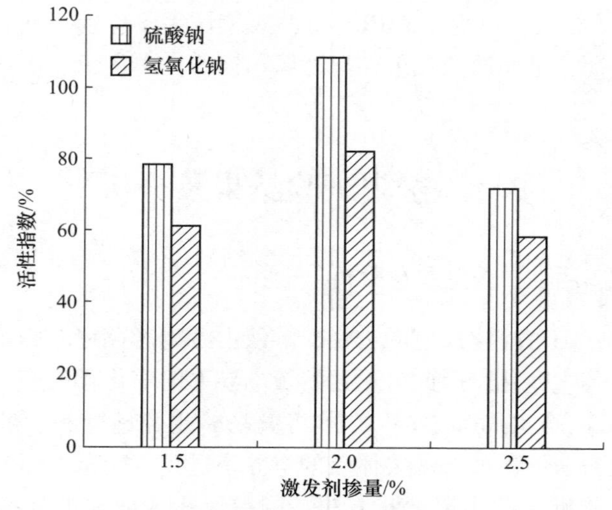

图 3-1　风积沙粉体-水泥胶凝体系活性指数（35℃，15%）

另外，对氢氧化钠、硫酸钠掺量为 2.0%，预养护温度为 35℃，风积沙粉体掺量为 15%的风积沙粉体-水泥胶凝的试件进行处理并进行电导率测试可得两者在 0h 时的电导率分别为 8.24mS/cm、8.54mS/cm；24h 时的电导率分别为 8.09mS/cm、8.25mS/cm，硫酸钠掺量为 2.0%的风积沙粉体-水泥胶凝体系电导率下降 3.4%，下降幅度高出氢氧化钠组 1.8%，而电导率下降幅度越大，游离态存在的导电离子含量越少，参与活化反应并生成聚合物的量越高。

同时，对风积沙粉体掺量为 15%的风积沙粉体-水泥胶凝体系的胶凝特性进行测试，结果如表 2-8 所示，可知硫酸钠掺量为 2.0%的风积沙粉体-水泥胶凝体系标准稠度用水量减少 2.7%，初凝时间较基准水泥组延长 9min，终凝时间缩短 20min，表明硫酸钠组风积沙粉体-水泥胶凝体系具有较好的和易性。

这是由于在碱性环境下，风积沙粉体中的网络改性体如 Ca^{2+} 等快速溶解到溶液中，硅酸盐或铝硅酸盐等网络形成体也被解聚并溶解到溶液中，当硫酸钠存在时，Ca^{2+} 与这些溶解的硅酸盐和铝酸盐单体接触后，形成钙矾石（AFt）等物质，而氢氧化钠存在时，则会形成水化硅铝酸钙等沉淀性物质[175]，且由于水化硅铝酸钙稳定性高于钙矾石[176]，风积沙粉体在氢氧化钠的作用下更容易释放出活性 SiO_2，进而使风积沙粉体混合液电导率大幅度下降，故氢氧化钠组风积沙粉体活化率高于硫酸钠组，同时，无定型 SiO_2 的溶解在溶液 pH = 12.5 左右时会迅速增加，此后无定型 SiO_2 的溶解会随 pH 值的升高而急剧加速[177~180]，故氢氧化钠组 SiO_2 溶出量高于硫酸钠组，激发剂质量分数为 2.5%时，氢氧化钠组高出硫酸钠组 31.4%。

3.1.2 碱激发改性风积沙粉体试验结果及分析

风积沙粉体-水泥胶砂试件的强度与风积沙粉体掺量、激发剂的种类及质量分数、预养护温度的关系如图 3-2 所示。

鉴于基准组（100%水泥）28d 抗压强度、抗折强度分别为 42.6MPa、6.9MPa，由图 3-2a 可知当风积沙粉体的掺量为 15%时，预养护温度由 20℃增加到 50℃，硫酸钠、氢氧化钠掺量由 1.5%增加到 2.5%时，风积沙粉体-水泥胶砂试件抗压强度均呈现先增大后降低的趋势，且硫酸钠组风积沙粉体-水泥胶砂试件抗压强度高于氢氧化钠组，其中硫酸钠掺量为 2.0%，预养护温度为 35℃时，风积沙粉体—水泥胶砂试件抗压强度为 46.1MPa，高出基准组 8.2%。由图 3-2a、b 可知，当风积沙粉体的掺量由 15%增加到 20%时，同等条件下风积沙粉体-水泥胶砂试件抗压强度下降，其中硫酸钠掺量为 2.0%，预养护温度为35℃这一组

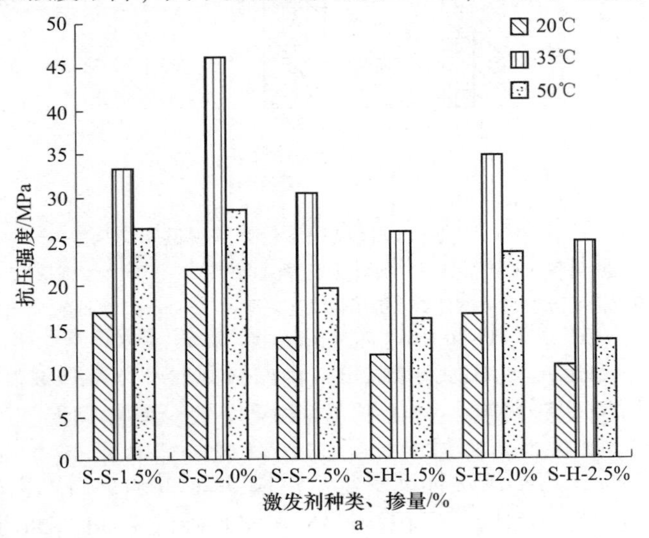

a

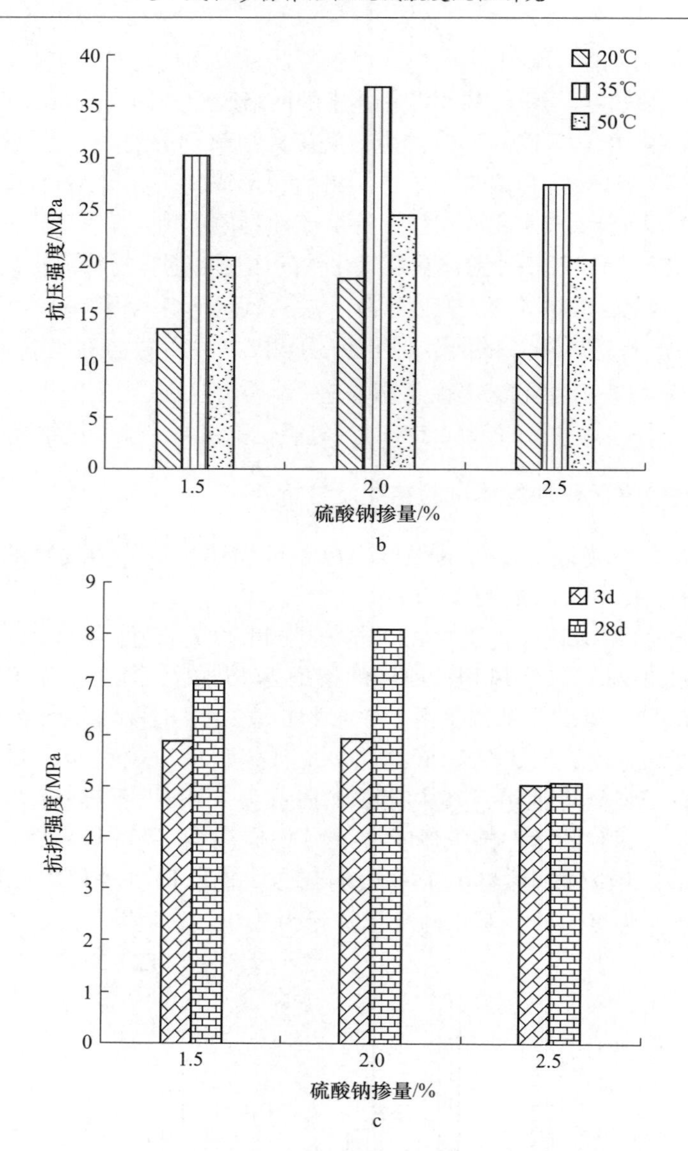

图 3-2　碱激发改性风积沙粉体宏观试验结果

a—15%风积沙粉体掺量下，不同温度、不同激发剂、不同激发剂掺量时风积沙粉体-水泥胶砂试件 28d 抗压强度（硫酸钠：Sodium Sulphate（S-S）；氢氧化钠：Sodium Hydroxide（S-H））；

b—20%风积沙粉体掺量下，不同硫酸钠掺量、不同温度下风积沙粉体-水泥胶砂试件 28d 抗压强度；

c—风积沙粉体-水泥胶砂试件抗折强度与硫酸钠掺量的关系图（35℃，15%）

抗压强度下降 20%，均不满足标准要求。由图 3-2c 可知，当风积沙粉体的掺量为 15%，养护温度为 35℃时，风积沙粉体-水泥胶砂试件 3d、28d 抗折强度随硫酸钠掺量的增加呈现先增大后降低的趋势，但均满足标准要求，硫酸钠掺量为2.0%时的28d抗折强度达到8.06MPa，高出基准组24.0%。

这是由于氢氧化钠作用下风积沙粉体活化率及SiO_2溶出量虽然高于硫酸钠作用时，但是，随着龄期的增加，氢氧化钠作用时生成的葡萄状的C-S-H凝胶会包裹在风积沙粉体表面[181,182]，进而阻碍风积沙粉体中后续活性物质的释放，而且适量的可溶性碱是有利于水化反应的进行及混凝土早期强度发展的，但是过高的碱性环境不仅会使铝酸盐与之反应生成溶于水的铝酸钠，阻碍水化进程，还会导致风积沙粉体-水泥浆体流动性也大幅度下降。另外，随着预养护温度的升高（20℃→50℃），其仅会影响硫铝酸钡钙的水化进程，但不改变水化产物的类型，且温度越高，三硫型水化硫铝酸钙（AFt）与单硫型水化硫铝酸钙（AFm）的转化速度越快，强度越低，故随着激发剂掺量的增加，预养护温度的升高，风积沙粉体-水泥胶砂试件力学性能先提高后降低，且硫酸钠组优于氢氧化钠组。

另外由于风积沙粉体被激发后，不仅可改善风积沙粉体-水泥胶凝体系粒径组成[183]，使其比表面积低于基准水泥组2.3%（见表2-8），进而降低标准稠度用水量，还会改变风积沙粉体-水泥胶凝体系的矿物组成，对风积沙粉体-水泥胶凝体系进行光谱半定量全分析测试，结果如表2-7所示，可知，相对于空白参比样，风积沙粉体掺量为15%，硫酸钠掺量为2.0%，预养护温度为35℃时的风积沙粉体-水泥胶凝体系中，SiO_2含量增加2.2%，CaO含量增加2.6%，Al_2O_3含量则降低20%。这是由于当有硫酸钠存在时，促进风积沙粉体中的SiO_2、CaO等物质溶出，增加胶凝体系中硅酸三钙、硅酸二钙等物质含量，并降低风积沙粉体-水泥胶凝体系中的铝酸三钙、铁铝酸四钙等物质含量，又知按水化速率可排列成[184]：铝酸三钙>铁铝酸四钙>硅酸三钙>硅酸二钙，故风积沙粉体-水泥胶凝体系初凝时间高于基准水泥组。同时，随着标准稠度用水量减少，终凝时间缩短。

而水化产物中不仅有水化硅酸钙凝胶（C-S-H）生成，Na_2SO_4还与溶液中的$Ca(OH)_2$、Al_2O_3等反应生成高硫型水化硫铝酸钙（AFt或钙矾石）等，反应式如式（3-1）和式（3-2）所示：

$$x\mathrm{CaO} + y\mathrm{SiO_2} + n\mathrm{H_2O} \longrightarrow x\mathrm{CaO} \cdot y\mathrm{SiO_2} \cdot n\mathrm{H_2O} \tag{3-1}$$

$$2[\mathrm{Al(OH)_4}]^- + 3\mathrm{SO_4^{2-}} + 6\mathrm{Ca^{2+}} + 4\mathrm{OH^-} + 26\mathrm{H_2O} \longrightarrow \mathrm{C_3A} \cdot 3\mathrm{CaSO_4} \cdot 32\mathrm{H_2O} \tag{3-2}$$

又由于AFt具有一定的膨胀性[185,186]，可以填充风积沙粉体-水泥胶砂试件内部孔隙，使硬化浆体的密实度增高，进而提高该组风积沙粉体-水泥胶凝体系力学性能。综上所述，硫酸钠对风积沙粉体的改性效果优于氢氧化钠，且风积沙粉体掺量为15%，硫酸钠掺量为2.0%，预养护温度为35℃时风积沙粉体改性效果较好。

3.2　微观试验结果及分析

3.2.1　XRD 试验结果及分析

对预养护温度均为 35℃，风积沙粉体掺量均为 15%，激发剂（硫酸钠、氢氧化钠）用量均为 2% 的风积沙粉体-水泥胶砂试件进行 XRD[187,188] 分析得图 3-3，由图可知，硫酸钠组、氢氧化钠组试件均出现较强的二氧化硅衍射峰（$2\theta \approx 26.6°$），且硫酸钠组试件有钙矾石的衍射峰出现（$2\theta \approx 9.3°$），氢氧化钠组试件有氢氧化钙（$2\theta \approx 36.6°$）、水绿矾（$2\theta \approx 27.3°$）的衍射峰出现。

这是由于硫酸钠和温度的共同作用使风积沙粉体中溶出的 SiO_2、CaO 等物质发生聚合反应生成地聚合物，而后发生水化反应生成钙矾石（AFt），而采用氢氧化钠作为激发剂时，虽然也使风积沙粉体中溶出 SiO_2、CaO 等活性物质，但是氢氧化钠加入后却过分提高了风积沙粉体-水泥胶凝体系的碱性，使水化反应加速，且促使高硫型水化硫铝酸钙向单硫型水化硫铝酸钙转化，并生成水绿矾、氢氧化钙等副产物。

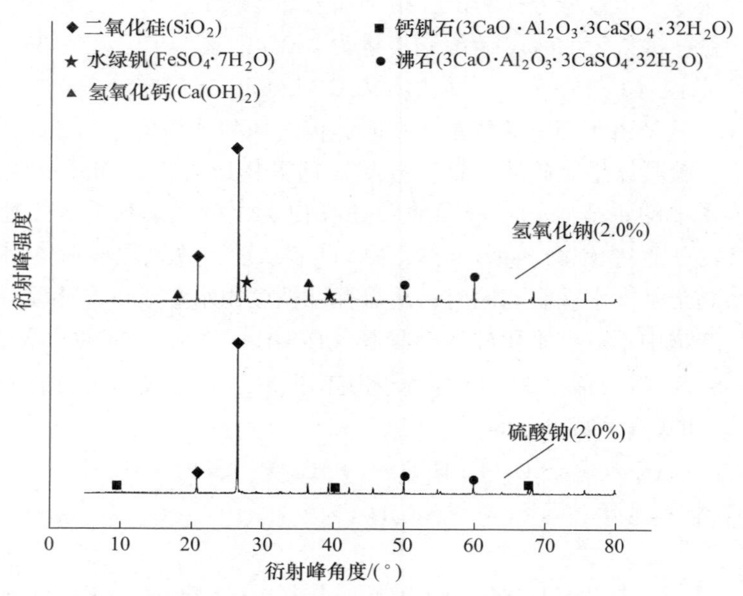

图 3-3　硫酸钠、氢氧化钠组风积沙粉体-水泥胶砂试件 XRD 图谱（35℃）

3.2.2　场发射扫描电镜试验结果及分析

在 XRD 试验分析的基础之上，对风积沙粉体掺量为 15%，养护温度为 35℃，硫酸钠掺量分别为1.5%、2.0%、2.5%的风积沙粉体-水泥胶砂试件进行场发射扫描电镜试验，试验结果如图3-4~图3-6所示。

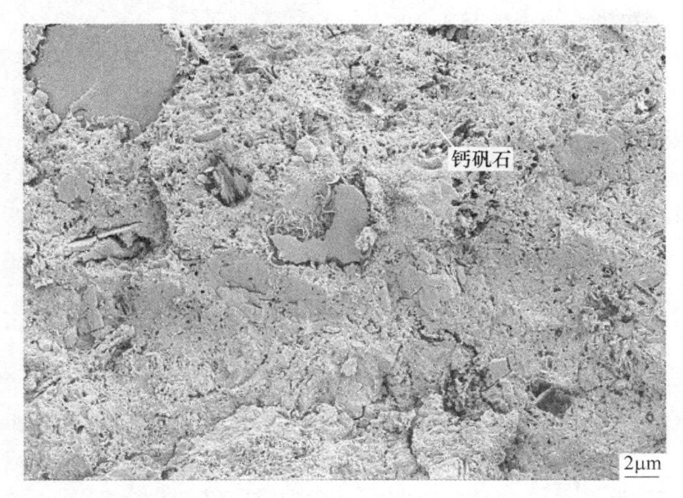

图3-4 1.5%硫酸钠掺量下风积沙粉体-水泥胶砂试件电镜试验结果（3000倍）

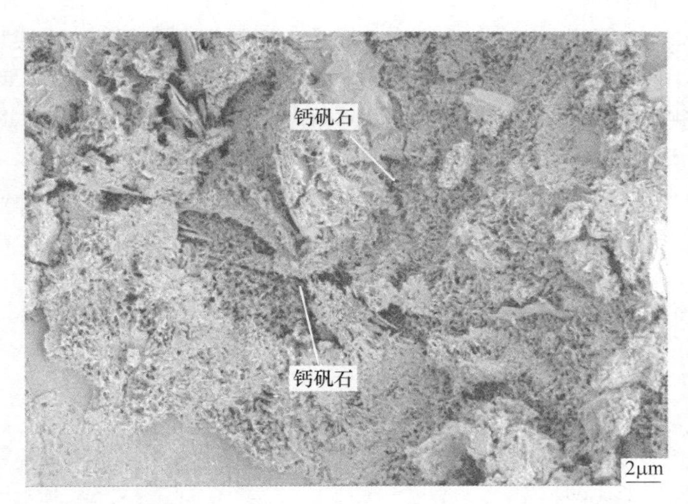

图3-5 2.0%硫酸钠掺量下风积沙粉体-水泥胶砂试件电镜试验结果（3000倍）

由图3-4~图3-6可知，经过28d标准养护后，3种激发剂掺量下的胶砂试件内部均观察到有针棒状[189]物质钙矾石（$3CaO \cdot Al_2O_3 \cdot 3CaSO_4 \cdot 32H_2O$，缩写AFt）存在，但是硫酸钠掺量为1.5%时（图3-4），钙矾石发育不完全且富集程度较低，不足以完全填补风积沙粉体-水泥胶凝体系内部孔隙；硫酸钠掺量为2.5%时（图3-6），又会产生花瓣状、片状氢氧化钙（$Ca(OH)_2$），导致风积沙粉体-水泥胶凝体系内部产生微裂缝，进而发生胀裂破坏，降低风积沙粉体-水泥

图 3-6　2.5%硫酸钠掺量下风积沙粉体-水泥胶砂试件电镜试验结果（3000 倍）

胶凝体系力学性能；而硫酸钠掺量为 2.0%（图 3-5）时，钙矾石充分发育且填充风积沙粉体-水泥胶凝体系内部孔隙，风积沙粉体-水泥胶砂试件力学性能良好。

3.2.3　核磁共振试验结果及分析

在 XRD 试验分析的基础之上，对风积沙粉体掺量为 15%，养护温度为 35℃，硫酸钠掺量分别为 1.5%、2.0%、2.5%（S-S-1.5%、S-S-2.0%、S-S-2.5%）的风积沙粉体-水泥胶砂试件进行核磁共振分析，结果如图 3-7、图 3-8 及表 3-2 所示。

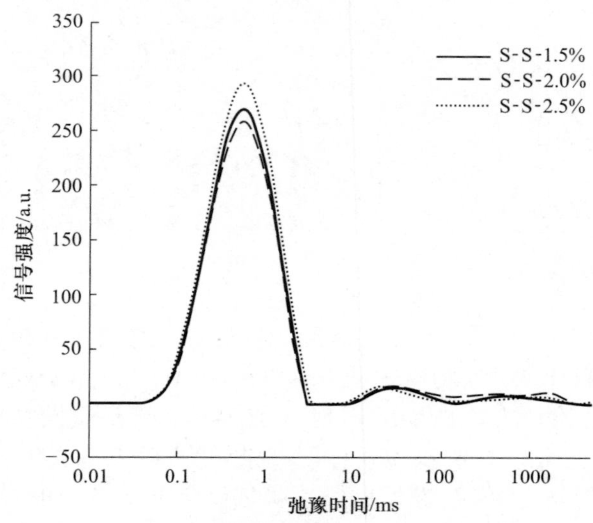

图 3-7　风积沙粉体-水泥胶凝体系弛豫时间与信号强度

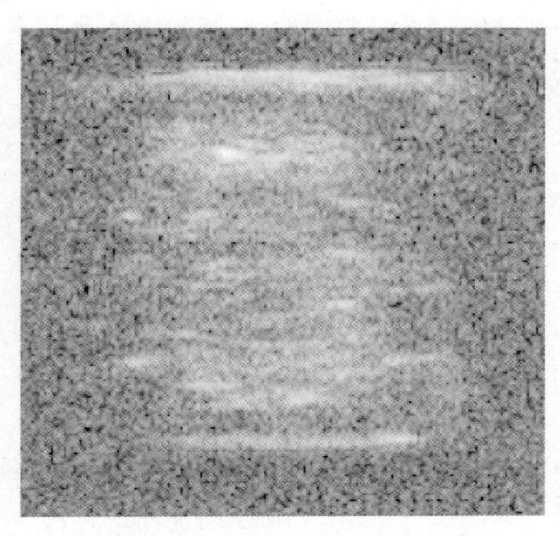

图 3-8 风积沙粉体-水泥胶凝体系核磁共振图像（S-S-2.0%）

表 3-2 风积沙粉体混凝土核磁共振试验结果表

样品编号	束缚流体饱和度/%	孔隙度/%	渗透率/md
S-S-1.5%	93.923	7.476	13.077
S-S-2.0%	94.311	7.845	13.782
S-S-2.5%	91.281	8.278	22.842

综上所述，核磁共振谱的分布与孔隙的大小和分布有关，其中峰的位置与孔隙大小有关，信号强度表示与该尺寸相关的孔隙数量，通常来说，T_2 图谱中 1ms 对应水泥浆体中 24nm[190,191]。同时，鉴于弛豫时间与孔径密切联系，弛豫时间越长，孔径越大，因此，由图 3-7 可知，随着硫酸钠掺量增加，风积沙粉体-水泥胶砂试件内部 20nm 以下孔的比例依次为 83.36%、85.69%、84.41%，200nm 以上孔的比例依次为 8.56%、5.35%、5.93%，故硫酸钠掺量为 2.0%这一组风积沙粉体-水泥胶砂试件内部 20nm 以下的微小的毛细孔占比较大。

鉴于自由水分子保存在混凝土内部孔隙中，核磁共振技术通过捕捉风积沙粉体混凝土内部水分子中氢原子信号的分布得到混凝土内部的孔隙特征，故对硫酸钠掺量为 2.0%这一组风积沙粉体-水泥胶砂试件进行核磁共振成像分析得图 3-8，由图 3-8 可知，表示孔隙的白色发亮区域多呈不连续的点线状，故其内部的毛细孔多为不连通的，密实度较高。结合 XRD 分析可知，这是由于水化产物钙矾石本身的微膨胀特性使其可以填充风积沙粉体-水泥胶砂试件内部的孔隙，降低孔隙度，从而提高风积沙粉体-水泥胶砂试件力学性能，这也进一步说明硫酸钠对风积沙粉体的改性效果优于氢氧化钠。由表 3-2 可知，硫酸钠掺量为 2.0%时的束缚流体饱和度为94.311%，为三组中最高，孔隙度、渗透率适中，而束缚流体饱和度越高，自由流体饱和度则越低[192~194]，表示此时风积沙粉体-水泥胶砂试件内部的水以结晶水形式存在，不随外界温度变化而变化，有助于提高其力学性能及耐久性能。

3.3　本章小结

（1）风积沙粉体活化率随着激发剂质量分数的增加而增加，随着溶液碱性的增强，风积沙粉体中SiO_2等活性物质溶出量逐渐增多，且氢氧化钠组高于硫酸钠组。

（2）风积沙粉体-水泥胶砂试件的活性指数随着风积沙粉体掺量的增加而降低，15%时较好；随着预养护温度的升高呈现先增加后降低的趋势，35℃时较好；随着硫酸钠、氢氧化钠掺量的增加呈现先增加后降低的趋势，掺量为2.0%时较好，且硫酸钠组活性指数优于氢氧化钠组。

（3）碱激发改性试验中，硫酸钠对风积沙粉体的改性效果优于氢氧化钠，2.0%硫酸钠作用下，风积沙粉体中分别溶出2.2%的活性SiO_2、2.6%的活性CaO等物质，并发生聚合反应生成高硫型水化硫铝酸盐钙矾石（AFt），氢氧化钠作用时，虽然也有活性SiO_2、CaO等物质溶出，但难以发生聚合反应，且风积沙粉体掺量为15%，预养护温度为35℃时，风积沙粉体改性效果较好，硫酸钠组活性指数高达108.2%。

（4）风积沙粉体的掺量为15%，硫酸钠掺量为2.0%，养护温度为35℃时，风积沙粉体-水泥胶砂试件中钙矾石发育良好，充分填充风积沙粉体-水泥胶凝体系内部孔隙，使其内部20nm以下的不连通的毛细孔的比例达到85.69%，束缚流体饱和度也提高至94.311%，力学性能及耐久性能较好。

4 冻融、盐浸环境下风积沙粉体混凝土劣化机理研究

硫酸盐是混凝土使用环境中经常遇到的腐蚀介质，在中国西部盐湖地区，盐湖卤水的含盐量极高，内蒙古、新疆、青海、甘肃、宁夏、陕西是中国盐渍土分布面积最广最多的地域，西北地区盐渍土占全国活化盐渍土面积的60%左右，而硫酸盐是盐湖卤水和盐渍土的主要化学成分之一。

同时，鉴于盐湖地区深居内陆，距海遥远，再加上高原、山地地形较高对湿润气流的阻挡，导致冬季严寒而干燥，夏季高温，气温的日较差和年较差都很大，属于温带大陆性气候和高寒气候，故盐湖地区还应重点考虑气候因素对混凝土耐久性能的影响。

有鉴于此，作者通过对风积沙粉体混凝土在0%、3.0%、6.0%浓度的硫酸镁（$MgSO_4$）溶液中的抗冻性及微观特性进行探讨，分析风积沙粉体混凝土在冻融、硫酸盐侵蚀耦合作用下的劣化机理及耐久性能。

4.1 试验工况简介

按照《普通混凝土长期性能和耐久性能试验方法标准》(GB/T 50082—2009)中“快冻法”及2.4.2节的要求进行试验。

同时，根据《建筑材料检验手册》中关于原材料中硫酸盐及硫化物含量的相关规定，对本研究中所用原材料中的硫化物总量进行校核，鉴于本试验所用粗、细集料中SO_3含量分别为0.3%、0.4%（见表2-4、表2-1），风积沙粉体、水泥、粉煤灰中SO_3含量为0.37%、2.1%、2.1%（见表2-2、表2-3、表2-5），由风积沙粉体混凝土配合比设计表2-9可得，SO_3含量最高的C35-15组风积沙粉体混凝土中为0.68%，加入质量分数为2.0%的硫酸钠之后，$1m^3$风积沙粉体混凝土中总SO_3含量为0.75%，满足《建筑材料检验手册》所规定的硫化物含量要求。

4.2 宏观试验结果及分析

4.2.1 力学性能试验结果及分析

风积沙粉体混凝土力学性能试验结果如图4-1所示，由图可知风积沙粉体混

凝土力学性能均满足标准要求，且 C25、C35 组风积沙粉体混凝土劈裂抗拉强度较基准值提高 5.1%、2.8%。

这是由于风积沙粉体混凝土自身相对独特的水化机理使其生成钙矾石等水化产物，而钙矾石等产物本身的微膨胀特性可改善水泥浆体与集料的黏结效果，进而一定程度地降低孔隙度，提高界面过渡区力学性能。

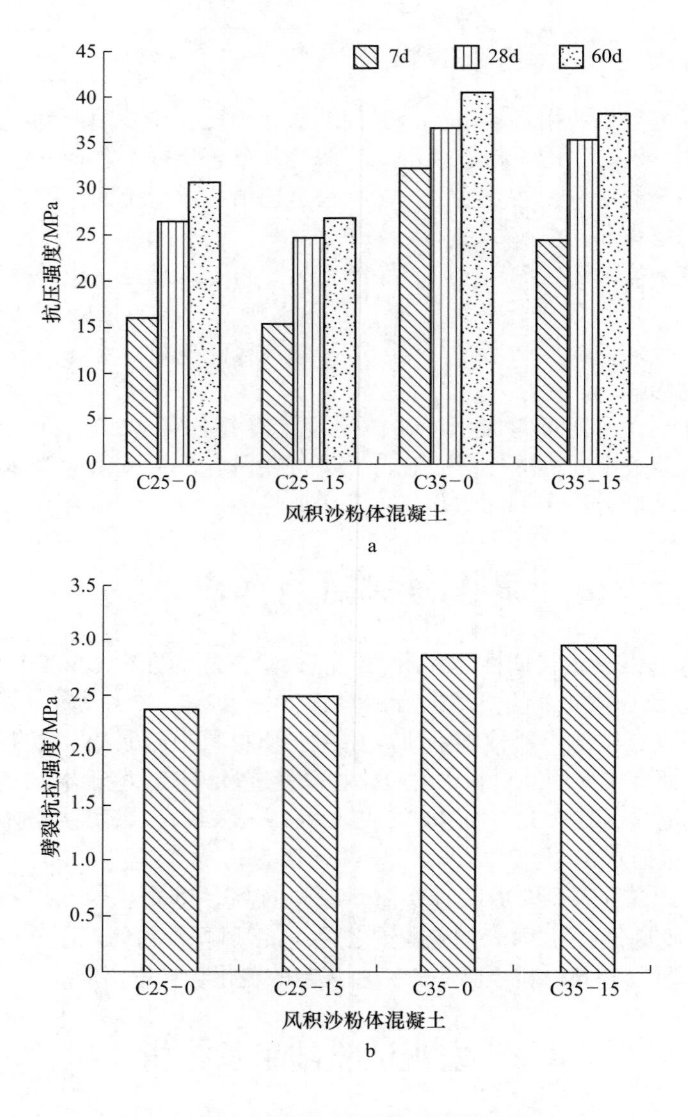

图 4-1　风积沙粉体混凝土力学性能试验结果

a—风积沙粉体混凝土 7d、28d、60d 抗压强度；

b—风积沙粉体混凝土 28d 劈裂抗拉强度

4.2.2 冻融循环试验结果及分析

风积沙粉体混凝土冻融循环后质量损失率如图 4-2 所示。0%硫酸镁作用时，如图 4-2a 所示，C35 组质量损失率初期基本不变，直到 150 次冻融循环后，质量损失率开始稳步上升，最多时达到 0. 82%。C25 组初期质量损失率下降较为明显，而后上升，最多时达到 2. 56%。

3%、6%硫酸镁作用时，如图 4-2b、c 所示，冻融循环次数以 50 次作为突变点，当冻融循环次数小于突变点时，混凝土质量损失率变化较小，超过突变点时，试件质量先增加，再降低，之后 C35-15 组、C25-15 组保持稳定。

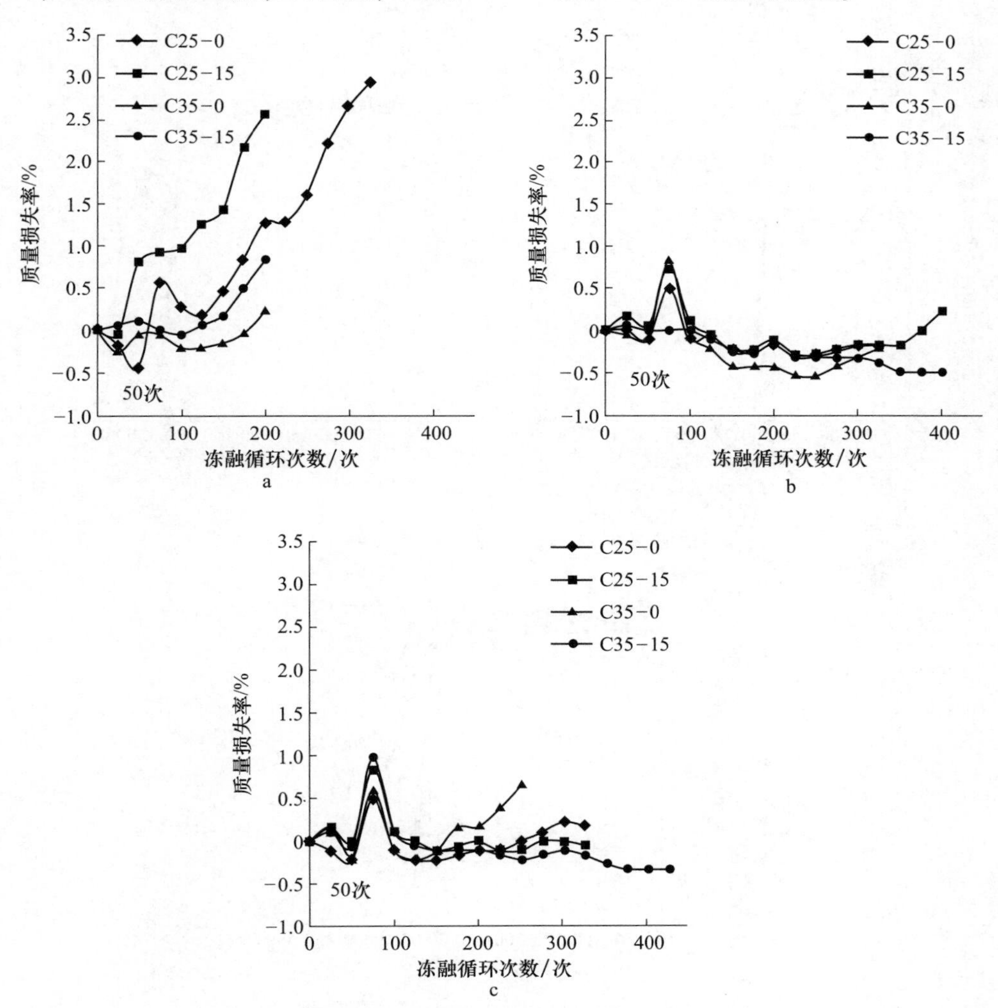

图 4-2 风积沙粉体混凝土冻融循环后质量损失率结果

a—0%硫酸镁溶液；b—3. 0%硫酸镁溶液；c—6. 0%硫酸镁溶液

这是由于冻融循环初始阶段，早期冻胀和融缩产生的应力较小，而浸入的硫酸镁反而填充其内部孔隙结构，故早期质量有所增加；但随着冻融循环次数的增加，孔结构在反复的冻胀应力的作用下逐渐发生破坏，试件表面有剥落物产生，试件质量减少，而随着硫酸镁环境中新的水化产物石膏和钙矾石的进一步生成，3%、6%硫酸镁溶液中质量损失率又迅速下降，之后质量略有增加，但随着混凝土中的物质被硫酸盐消耗完全，其质量损失率又基本保持稳定。

风积沙粉体混凝土冻融循环后相对动弹性模量变化规律如图 4-3 所示，风积沙粉体混凝土相对动弹性模量随着冻融循环次数的增加，呈现先降低，后稳定，再下降直至破坏的变化规律。

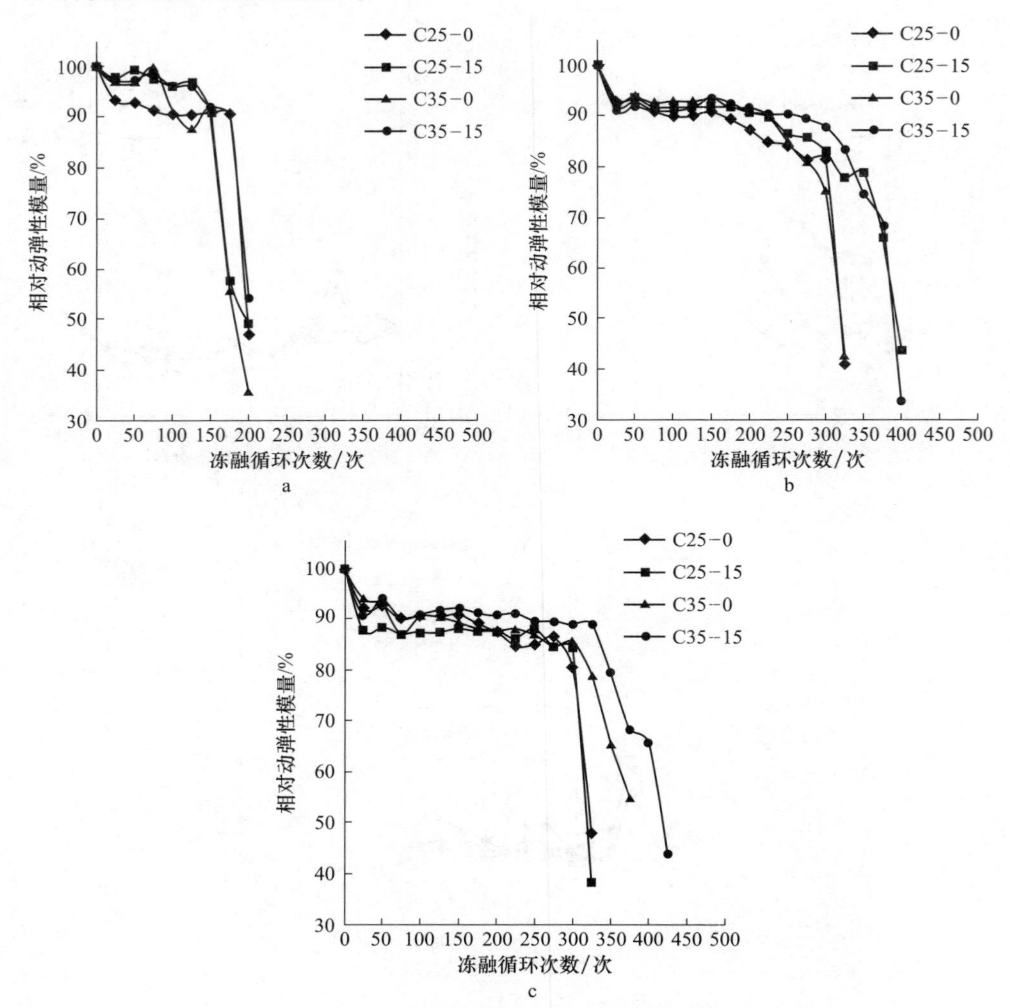

图 4-3　风积沙粉体混凝土冻融循环后相对动弹性模量试验结果

a—0%硫酸镁溶液；b—3. 0%硫酸镁溶液；c—6. 0%硫酸镁溶液

当冻融循环次数为50次时，试件相对动弹性模量下降，在3%硫酸镁溶液中下降了8.2%；当冻融循环次数为200次时，0%硫酸镁溶液中试件相对动弹性模量已下降至60%以下，达到破坏状态；当冻融循环次数为300次时，3%、6%硫酸镁溶液中试件相对动弹性模量基本不变，直到325次以后，3%硫酸镁溶液中普通混凝土试件先行破坏，风积沙粉体混凝土组试件直到400次才发生破坏。

但是，在6%硫酸镁溶液中，C25组混凝土在325次冻融循环以后就发生破坏，而C35组普通混凝土直到375次才发生破坏，C35-15组试件更是在425次冻融循环后才破坏。可见，在硫酸盐环境下，适当提高混凝土标号有利于提高其抗冻性，且风积沙粉体混凝土较普通混凝土相对动弹性模量下降较慢，抗冻性较好。

这是由于硫酸镁溶液浸入混凝土孔隙内部产生的结晶压和结冰压[195~200]使普通混凝土发生冻胀破坏，而风积沙粉体混凝土中水化产物及未水化颗粒则与硫酸盐反应生成钙矾石，钙矾石自身的微膨胀特性可填充冻胀作用产生的孔隙。

同时，随着硫酸盐溶液浓度的升高，还会生成石膏，从而进一步填充其内部孔隙，阻止其内部裂纹的产生、扩展和贯通，进而使其密实度增高，相对动弹性模量的下降也变得较为缓慢，抗冻性增强。

4.3 微观试验结果及分析

4.3.1 核磁共振试验结果及分析

为了更直观地了解在清水及硫酸镁溶液中冻融试验前后混凝土内部孔隙的变化，运用核磁共振技术对风积沙粉体混凝土孔隙特征进行测试，结果如图4-4~图4-6及表4-1所示，其中3%-C25-0表示在0%硫酸镁溶液中的C25-0组混凝土，3%-C25-15表示在3%硫酸镁溶液中的C25-15组混凝土，6%-C25-0表示在6%硫酸镁溶液中的C25-0组混凝土，6%-C25-15表示在6%硫酸镁溶液中的C25-15组混凝土，以此类推。

根据核磁共振[201~210]测试原理得到冻融循环试验前各组试件孔隙半径与孔径分布图及T_2弛豫时间和信号总量的关系图。

由图4-4、图4-5可知，风积沙粉体混凝土与普通混凝土根据T_2弛豫时间长短，均可划分出包含大、中、小3种孔隙的峰，且在0%、3%、6%的硫酸镁溶液中冻融循环后，T_2谱曲线不断右移，T_2谱面积不断增大，孔隙度不断增大，说明混凝土内部损伤不断加剧。但是，风积沙粉体混凝土组中大孔隙的谱峰所占的比例明显小于普通混凝土组，尤其对于6%-C35-15组，孔径较大的峰所占的比例为64.511%，较6%-C35-0组的84.287%低23.46%，表明随着普通混凝土中的大孔隙孔径不断增大，数量不断增多，其抗冻性也逐渐劣于风积沙粉体混凝土。

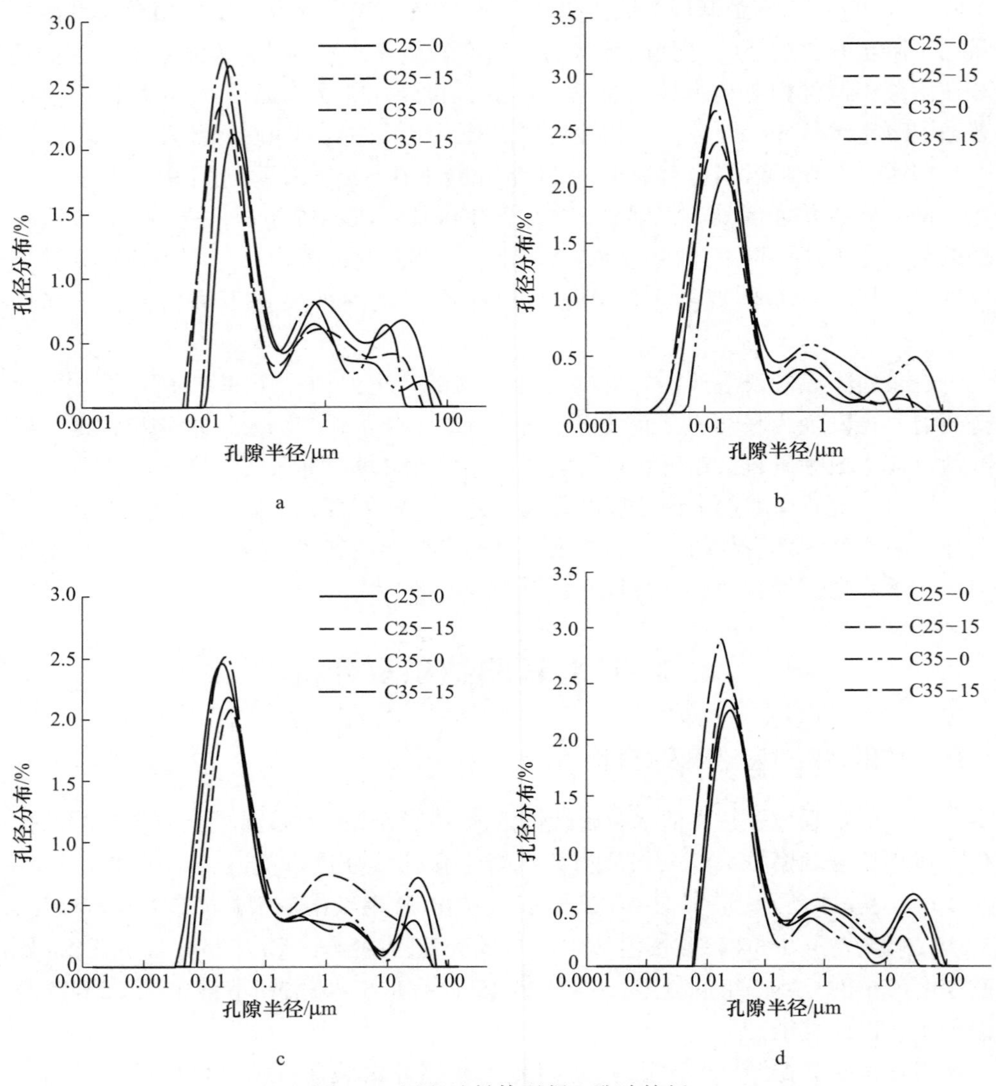

图 4-4　风积沙粉体混凝土孔隙特征

a—基准组；b—0%硫酸镁溶液；c—3.0%硫酸镁溶液；d—6.0%硫酸镁溶液

吴中伟等[211]将混凝土内部孔隙按孔径大小分为无害孔（孔隙半径<20nm）、少害孔（孔隙半径为 20～50nm）、有害孔（孔隙半径为 50～200nm）和多害孔（孔隙半径>200nm）。由表 4-1 可知，冻融循环试验前，C35-15 组风积沙粉体混凝土中无害及少害孔所占比例为 61.12%，比 C35-0 组普通混凝土的 49.33%高出 11.79%；冻融循环试验后，3%-C35-15 组中风积沙粉体混凝土有害及多害孔所

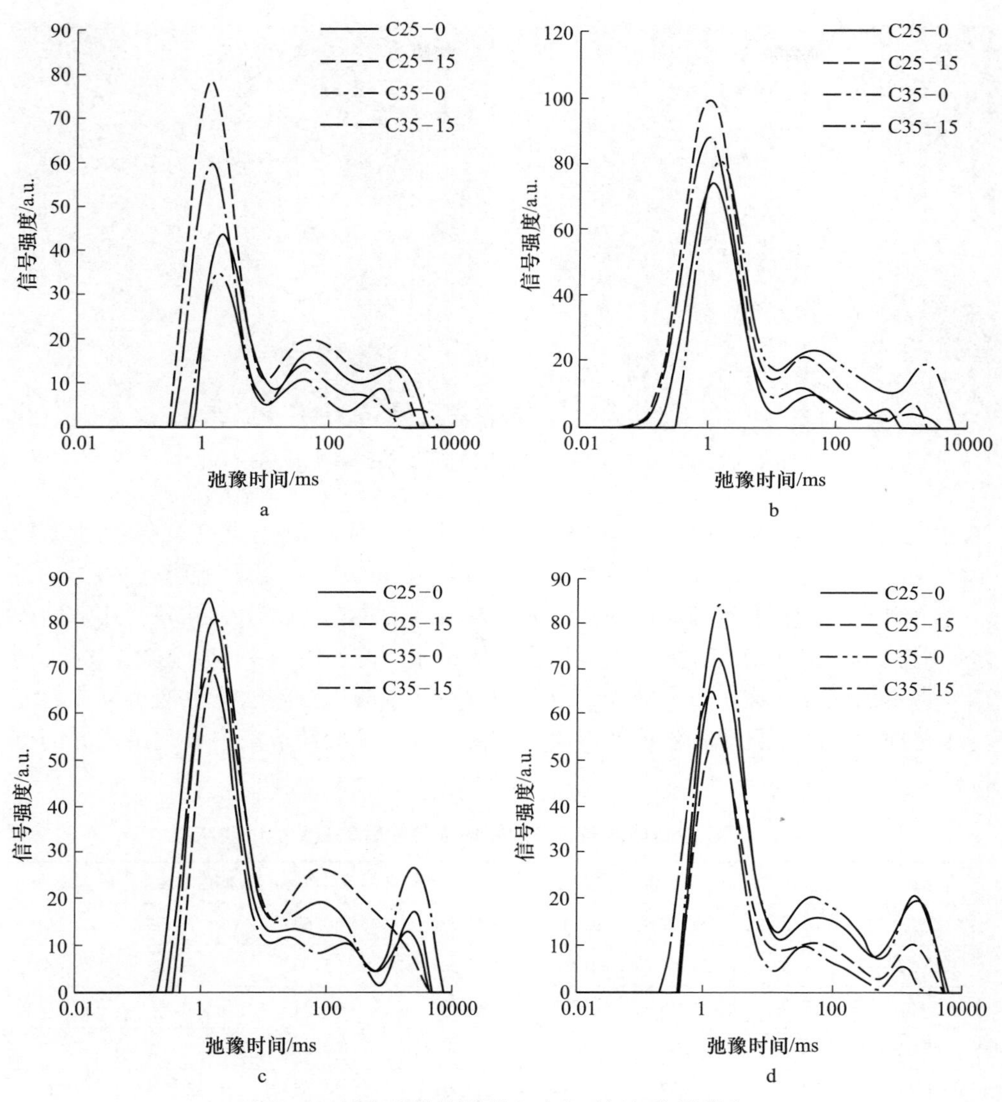

图 4-5 风积沙粉体混凝土弛豫时间与信号强度

a—基准组；b—0%硫酸镁溶液；c—3.0%硫酸镁溶液；d—6.0%硫酸镁溶液

占比例为 40.94%，比 3%-C35-0 组的 52.2%低 11.26%，6%-C35-15 组中风积沙粉体混凝土有害及多害孔所占比例为 39.32%，比 6%-C35-0 组的 51.03%低 11.71%。

由图 4-6 可知，6%-C35-15 组的核磁共振成像中表示孔隙的白色发亮区域也明显少于 6%-C35-0 组；由表 4-1 可知，冻融循环试验后，3%-C35-15 组风积沙粉体混凝土束缚流体饱和度较 3%-C35-0 组高 15.2%，孔隙度较 3%-C35-0 组低

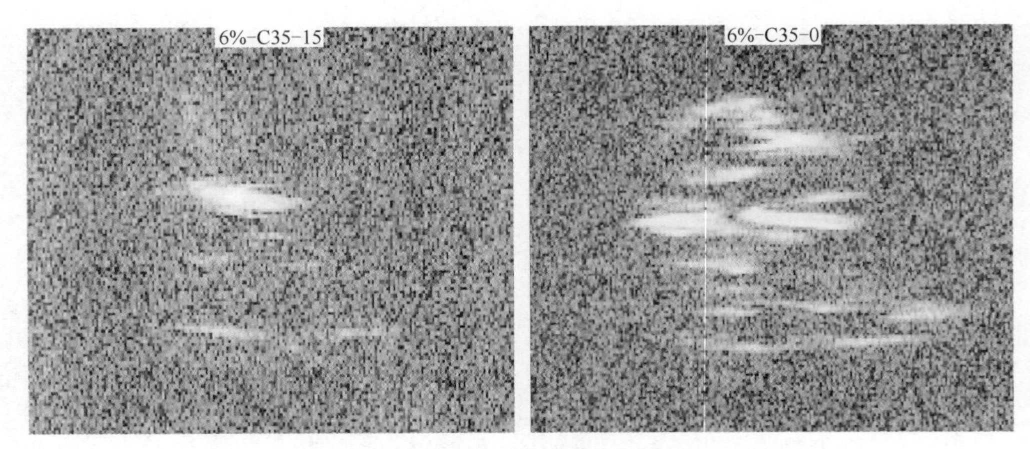

图 4-6　风积沙粉体混凝土冻融循环后核磁共振成像结果

23.3%，渗透率低 85.4%；6%-C35-15 组风积沙粉体混凝土束缚流体饱和度较 6%-C35-0 组高 32.7%，孔隙度较 6%-C35-0 组低 40.9%，渗透率低 98.7%。

束缚流体饱和度越高，风积沙粉体混凝土内部小孔所占比例越高；孔隙度下降，混凝土密实度增高，力学性能增强；渗透率下降，溶液中水分进入混凝土内部变得更加困难，冻胀应力减少，故风积沙粉体混凝土在硫酸镁溶液中抗冻性能优于普通混凝土，且风积沙粉体混凝土在高浓度的硫酸镁溶液中表现出优异的抗冻性。

表 4-1　风积沙粉体混凝土冻融循环试验前后核磁共振试验结果

样品编号	无害孔/%	少害孔/%	有害孔/%	多害孔/%	束缚流体饱和度/%	孔隙度/%	渗透率/mD
C25-0	10.26	25.87	16.41	47.46	50.647	1.653	7.089
C25-15	31.63	24.44	10.4	33.53	65.033	3.063	25.447
C35-0	17.97	31.36	15.97	34.7	63.313	0.87	0.192
C35-15	33.13	27.99	9.7	29.18	69.803	1.778	1.87
3%-C25-0	38.16	24.37	13.84	23.63	74.654	2.535	4.76
3%-C25-15	18.21	23.31	17.09	41.39	56.722	2.744	33.004
3%-C35-0	23.9	23.9	16.5	35.7	62.472	2.83	23.146
3%-C35-15	33.31	25.75	14.26	26.68	71.955	2.171	3.374
6%-C25-0	22.46	25.08	16.97	35.49	62.845	2.446	12.511
6%-C25-15	28.17	27.34	16.55	27.94	70.296	1.591	1.144
6%-C35-0	23.18	25.79	15.74	35.29	63.056	2.811	21.432
6%-C35-15	32.81	27.87	10.8	28.52	83.663	1.66	0.289

4.3.2 X射线衍射、场发射扫描电镜试验结果及分析

风积沙粉体混凝土冻融循环试验前后电镜试验结果如图4-7所示，冻融试验后X射线衍射分析结果如图4-8所示，相较于冻融循环试验前（见图4-7a~d），0%硫酸镁溶液中，风积沙粉体混凝土在抗冻性试验之后表面产生针柱状[212~214]产物，且由图4-7f、h可明显看出，C35组针柱状产物富集程度明显高于C25组，而普通混凝土组（见图4-7e、g）表面光滑，结合XRD图4-8a、b分析可知此针柱状产物为钙矾石——AFt，且此时形成的AFt是来源于风积沙粉体混凝土的水化产物，由于AFt本身的膨胀特性，使其可以填充风积沙粉体混凝土在冻胀应力作用下产生的细微裂缝，避免裂缝的扩展和连通，进而提高风积沙粉体混凝土的抗冻性。

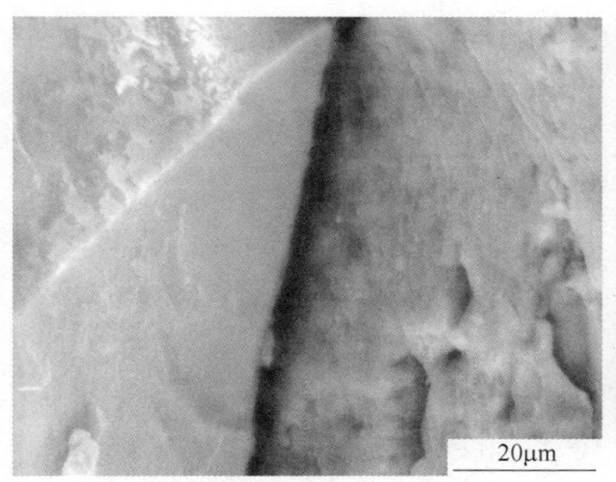

a

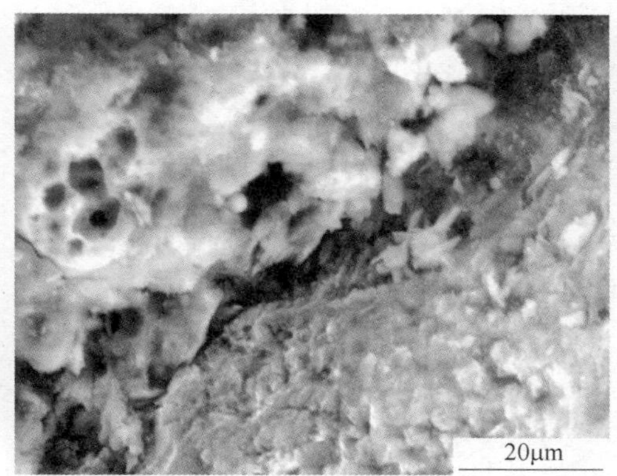

b

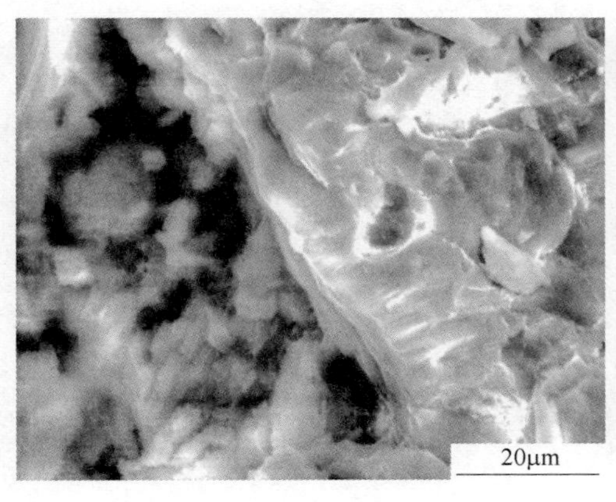

c

d

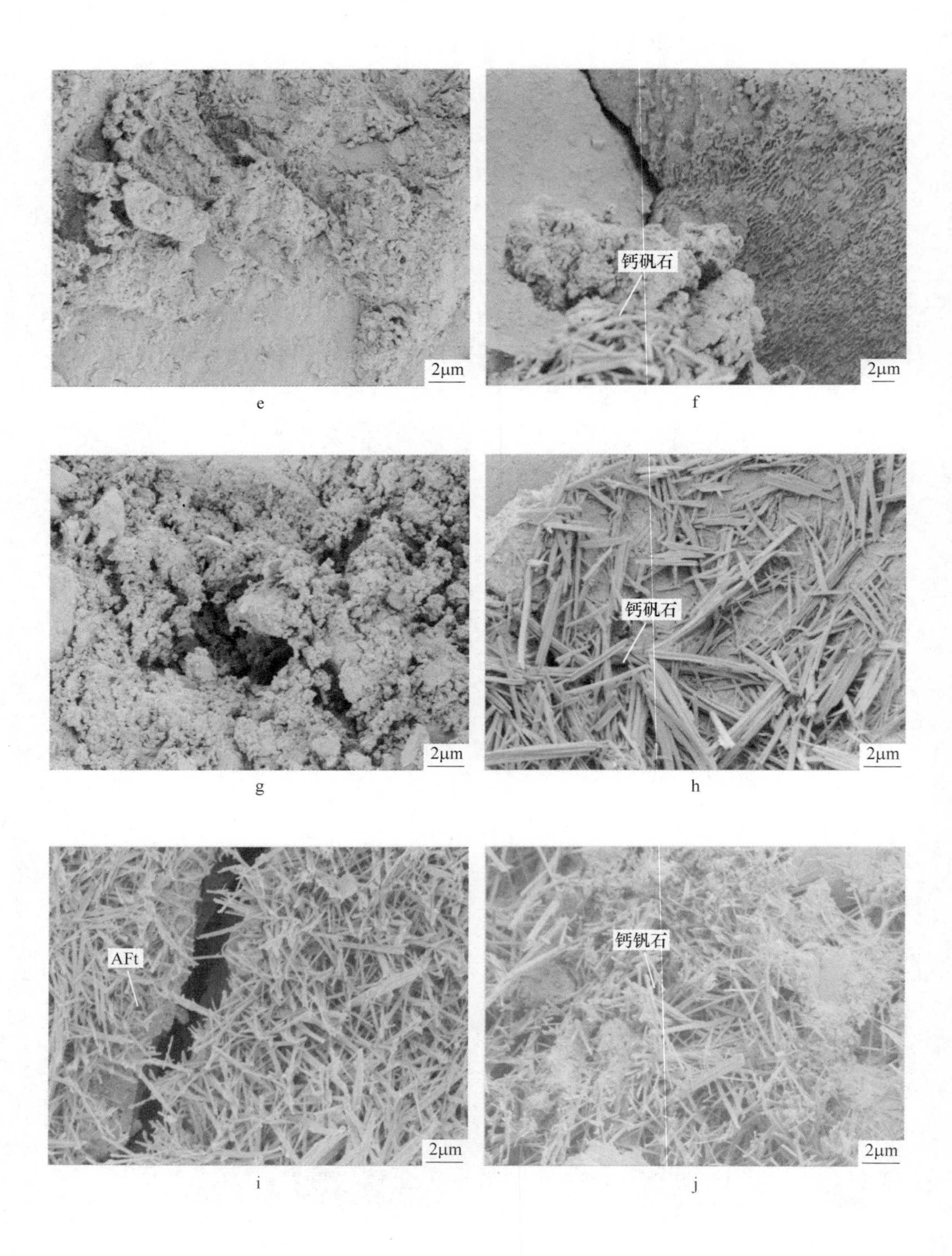

e　f　g　h　i　j

k

l

图 4-7 冻融循环试验前后风积沙粉体混凝土电镜及能谱试验结果

a—C25-0 普通混凝土；b—C25-15 风积沙粉体混凝土；c—C35-0 普通混凝土；
d—C35-15 风积沙粉体混凝土；e—0%-C25-0 普通混凝土；f—0%-C25-15 风积沙粉体混凝土；
g—0%-C35-0 普通混凝土；h—0%-C35-15 风积沙粉体混凝土；i—3%-C25-15 风积沙粉体混凝土；
j—3%-C35-15 风积沙粉体混凝土；k—6%-C25-15 风积沙粉体混凝土；l—6%-C35-15 风积沙粉体混凝土

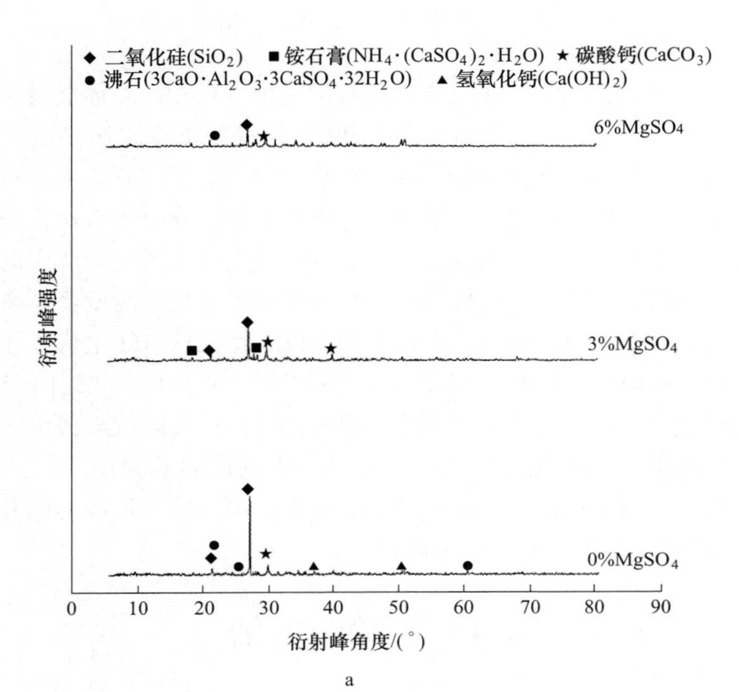

a

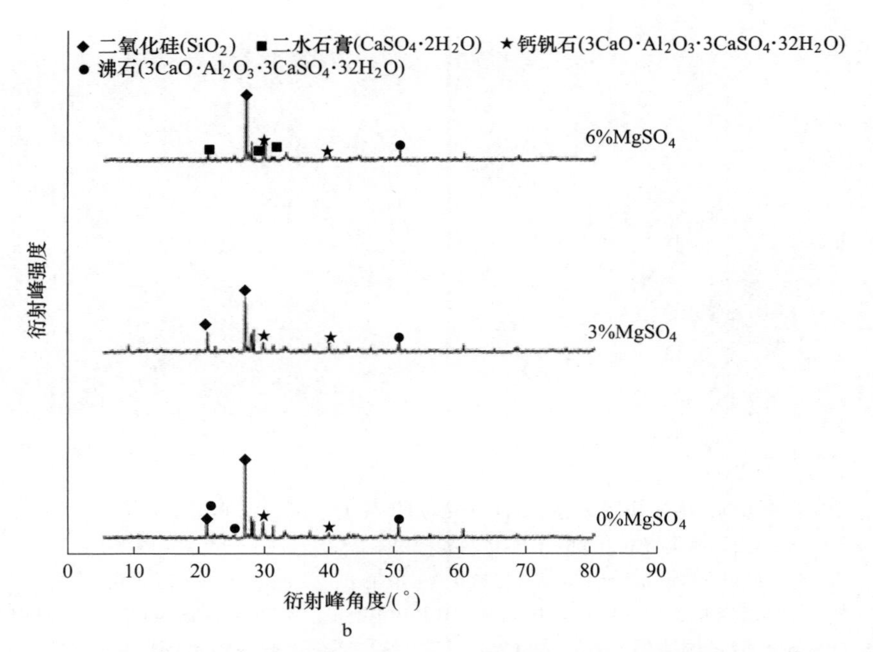

图 4-8 冻融循环试验后普通混凝土、风积沙粉体混凝土 XRD 试验结果

a—冻融试验后普通混凝土 XRD 试验结果（C25-0）；

b—冻融试验后风积沙粉体混凝土 XRD 试验结果（C25-0）

由图 4-7i、j 及图 4-8b 可知，3%硫酸镁溶液中，风积沙粉体混凝土在冻融循环试验之后表面也产生 AFt，且明显多于 0%硫酸镁溶液中，这是由于溶液中的硫酸根离子与风积沙粉体中溶出的 SiO_2、CaO 等反应，并进一步生成 AFt，此时的 AFt 不仅来源于初始水化反应，更多的是来源于后期的缓慢水化，并随着冻融循环过程进入混凝土内部，后续水化产生的 AFt 补充到冻胀应力产生的细微裂缝中，提高水泥石的密实度，进而使风积沙粉体混凝土组抗冻性显著提高。

由图 4-7k、l 可知，6%硫酸镁溶液中则不仅有针柱状 AFt 生成，还有纤维状产物生成，结合 XRD 图 4-8b 可知此产物为石膏——$CaSO_4$，这是由于在较高浓度的硫酸镁溶液中，除生成 AFt 填充冻胀裂缝之外，多余的硫酸根离子与风积沙粉体中溶出的 CaO 等物质发生反应，生成具有膨胀性的 $CaSO_4$[215]，从而进一步填充风积沙粉体混凝土因冻胀作用而产生的微裂缝中，故风积沙粉体混凝土组在 6%硫酸镁溶液中抗冻性优于普通混凝土组。

4.4 本章小结

（1）冻融作用下，相对于质量损失率，相对动弹性模量可以更敏感地表征风积沙粉体混凝土的冻融破坏过程，随着冻融循环次数的增加，风积沙粉体混凝土相对动弹性模量呈现先降低，后稳定，后下降至破坏的规律。

（2）适当提高混凝土标号及掺入风积沙粉体有利于提高混凝土抗冻性，在6%硫酸镁溶液中，C25-0、C25-15 组混凝土在 325 次冻融循环以后就发生破坏，而 C35-0 组普通混凝土直到 375 次才发生破坏，C35-15 组风积沙粉体混凝土试件更是在 425 次冻融循环后才破坏。

（3）风积沙粉体混凝土孔隙度、渗透率较普通混凝土低，束缚流体饱和度高于普通混凝土，且 C35-15 组风积沙粉体混凝土中无害及少害孔所占比例为61.12%，比 C35-0 组普通混凝土的 49.33%高出 11.79%，组织结构更加密实，故风积沙粉体混凝土较普通混凝土在硫酸盐溶液中拥有更好的抗冻性能。

（4）普通混凝土与风积沙粉体混凝土冻融劣化机理不同，普通混凝土在冻融—盐浸耦合作用下是由于冻胀作用而发生破坏，风积沙粉体混凝土则是冻胀作用与硫酸盐侵蚀产物的耦合作用而发生破坏，即风积沙粉体混凝土在硫酸镁溶液中生成钙矾石（AFt），6.0%的硫酸镁溶液中还会生成石膏（$CaSO_4$），这些针柱状、纤维状产物自身的膨胀特性可填充混凝土内部因冻胀作用而产生的裂隙，进而提高风积沙粉体混凝土抗冻性。

5　冻融、干湿环境下风积沙粉体混凝土劣化机理研究

本章在充分考虑我国西部地区环境特点的基础之上，本着资源开发，节约能源的原则，以风积沙为原材料制备风积沙粉体，并替代水泥，制备风积沙粉体混凝土，探讨其在冻融、干湿、冻融—干湿、干湿—冻融四种工况下的劣化损伤过程，并结合宏微观试验手段，揭示其劣化机理，研究其耐久性能。

5.1　耦合工况简介

风积沙粉体混凝土的冻融、干湿试验均在5%的硫酸钠（Na_2SO_4）溶液中进行，宏观试验结束后分别取样进行微观分析，具体试验工况如下：

工况一：冻融试验（Freeze and Thaw，F）。

参照2.4.2节所述试验方法进行试验。

工况二：干湿试验（Dry and Wet，D）。

参照2.4.4节所述方法进行试验。

工况三：冻融—干湿试验（Freeze and Thaw-Dry and Wet，F-D）。

选取C25、C35组100mm×100mm×400mm的棱柱体试件，首先进行冻融试验（25次），而后进行干湿试验（25次），交替在5%的硫酸钠（Na_2SO_4）溶液中进行，共进行三个循环周期。每单个试验项目结束之后均测定棱柱体试件的相对动弹性模量及质量损失率，循环结束之后取试块中心部位固化浆体，用乙醇终止水化后进行扫描电镜分析及X射线衍射分析，另取试验前后ϕ50mm×H50mm样品进行核磁分析。

工况四：干湿—冻融试验（Dry and Wet-Freeze and Thaw，D-F）。

选取C25、C35组100mm×100mm×400mm的棱柱体试件，首先进行干湿试验（25次），而后进行冻融试验（25次），交替在5%的硫酸钠（Na_2SO_4）溶液中进行，共进行三个循环周期，而后参照冻融—干湿试验进行相关指标测定及微观试验。

5.2 宏观试验结果及分析

5.2.1 单一冻融或干湿环境下试验结果及分析

风积沙粉体混凝土在单一冻融作用下试验结果如图 5-1 所示，由图 5-1a 可知，风积沙粉体混凝土与普通混凝土相对动弹性模量在 200 次冻融循环内均呈现先快后慢的下降规律，且试验结束时风积沙粉体混凝土相对动弹性模量高于普通混凝土，C25 组高出 3.0%；由图 5-1b 可知，在 200 次冻融循环内风积沙粉体混凝土与普通混凝土质量损失率均呈现小范围的波动，冻融作用结束后，C25-0、C35-0 组普通混凝土质量损失率均大于零，试件质量减少，C25-15、C35-15 组风积沙粉体混凝土质量略有增加，C25-15 组与 C25-0 组质量损失率的差值仅为 0.36%，且满足 F200 的设计要求。

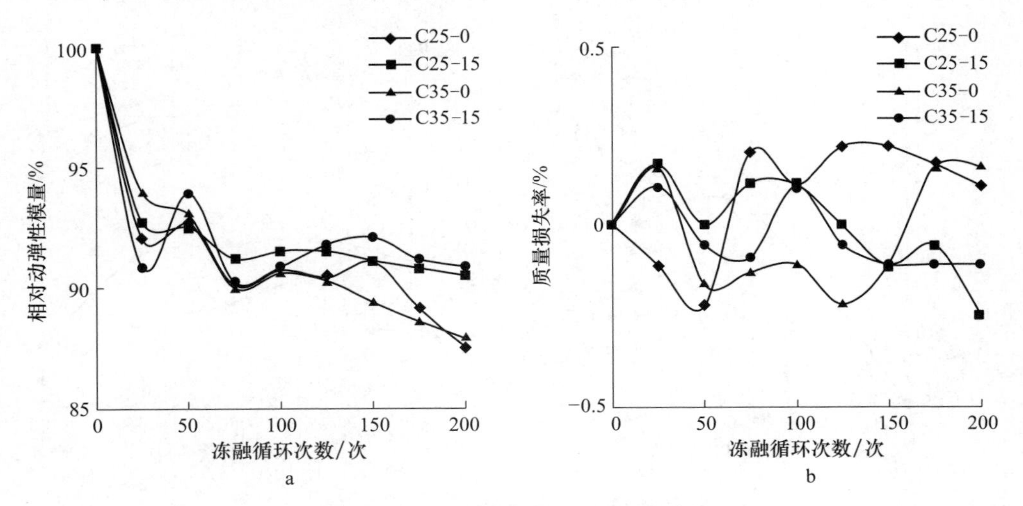

图 5-1 单一冻融作用下宏观试验结果

a—冻融循环作用下相对动弹性模量变化；b—冻融循环作用下质量损失率变化

学者们对混凝土的冻融破坏进行研究的过程中提出了众多的理论分析模型，如孔结构理论、充水系数理论、临界饱和值理论、水的离析层理论、膨胀压理论、渗透压理论等，其中认可度较高的是美国学者 Powers[216] 提出的膨胀压和渗透压理论，两者的共同点是均认为混凝土内部的孔结构中的压力变化导致孔结构发生破坏，进而导致混凝土发生冻融破坏。在快速冻融作用下，混凝土内部孔结构中的毛细孔水和游离水发生冻结和融化，这部分水冻结时产生的膨胀压直接作用在孔壁上，当产生的围压超过孔结构所能承受的极限时，则会有微小的裂纹产生，造成混凝土密实度下降，相对动弹性模量也逐渐降低，同时，随着微裂纹的扩展，在混凝土表面也会有微小的碎片产生，造成混凝土质量的减少，但是，鉴于硫酸盐会与风积沙粉体混凝土中的水化铝酸钙反应生成三硫型水化硫铝酸钙（AFt），而钙矾石的微膨特性可填充风积沙粉体混凝土的内部空隙，增加风积沙粉体混凝土密实度，并增加试件质量，故风积沙粉体混凝土相对动弹性模量略高于普通混凝土，且质量略有增加。

风积沙粉体混凝土在单一干湿作用下试验结果如图 5-2 所示，由图 5-2a 可知，单一的干湿循环作用下，风积沙粉体混凝土相对动弹性模量呈现先升高后降低的变化规律，普通混凝土则呈现先升高后小范围内波动的变化规律，且干湿作用结束后两者相对动弹性模量均高于其初始值；由图 5-2b 可知，风积沙粉体混凝土抗压强度随着干湿循环次数的增加呈现先升高后降低的变化规律，普通混凝土呈现逐渐下降的变化规律，75 次干湿循环作用后风积沙粉体混凝土抗压强度耐蚀系数为 100.4%（见公式（2-8）），高出普通混凝土 18.4%，100 次后高出 12.9%，且满足 KS90 的抗硫酸盐侵蚀等级要求。

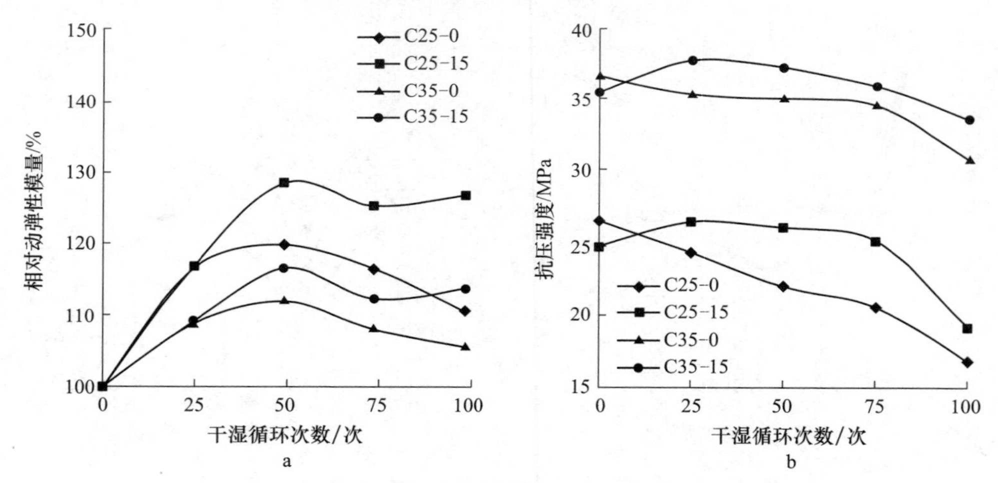

图 5-2　单一干湿作用下宏观试验结果

a—干湿循环作用下相对动弹性模量变化；b—干湿循环作用下抗压强度变化

这是由于干湿循环作用下，硫酸盐结晶破坏的机理[217~219]主要有固相体积膨胀理论、盐的水化压假说、盐结晶压三种，而本研究选用的干湿循环介质为5%的硫酸钠溶液，硫酸钠的溶解度受温度的影响很大，当温度降低时很容易以 $Na_2SO_4 \cdot 10H_2O$ 的形式结晶析出，进而产生较大的体积膨胀和盐结晶压，进而影响混凝土内部的孔结构。随着干湿作用的进行，混凝土内部孔结构中的盐结晶逐渐累积，降低混凝土内部的孔隙度，提高其密实度。

同时，硫酸盐还会与风积沙粉体混凝土内部的水化铝酸钙反应生成钙矾石，钙矾石也具有膨胀特性，这进一步提高了风积沙粉体混凝土的密实度，故风积沙粉体混凝土抗压强度耐蚀系数、相对动弹性模量在前期均有所提高，而普通混凝土虽然相对动弹性模量有所提高，但提高幅度低于风积沙粉体混凝土。但是，随着盐结晶的进一步累积，盐结晶压和膨胀压逐渐增大，这导致混凝土内部孔结构受到破坏，且风积沙粉体混凝土中孔结构受到破坏的程度高于普通混凝土，故风积沙粉体混凝土相对动弹性模量及抗压强度耐蚀系数在后期逐渐下降，而普通混凝土则呈现小范围的波动。

5.2.2 冻融—干湿环境下试验结果及分析

冻融—干湿耦合作用下宏观试验结果如图 5-3 所示，可知，风积沙粉体混凝土与普通混凝土相对动弹性模量呈现先下降，后稳定，最后下降至破坏的规律，经第二个循环周期后，C25-15 组风积沙粉体混凝土与 C25-0 组普通混凝土相对动弹性模量分别下降至 64. 0%、52. 6%，普通混凝土已低于规范要求的 60. 0%，第三个循环周期开始的冻融作用之后，C25-15 组风积沙粉体混凝土下降至 61. 3%，仍满足规范要求，但干湿作用之后下降至 45. 2%，已然损坏；风积沙粉体混凝土与普通混凝土质量损失率呈现先降低后升高的变化规律，在第一个循环周期内，C25-15 组风积沙粉体混凝土与 C25-0 组普通混凝土质量分别增加了 0. 71%、0. 78%，第三个循环周期结束以后，C25-0 组普通混凝土质量损失率已达到 5. 44%，高出规范要求的 5. 0%，而 C25-15 组风积沙粉体混凝土为 3. 09%，满足规范要求。

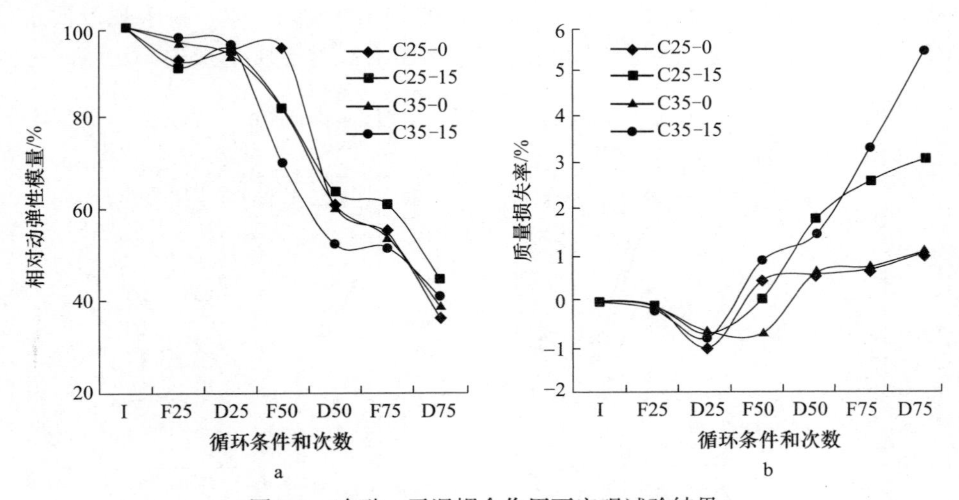

图 5-3 冻融—干湿耦合作用下宏观试验结果

（I：Initial，表示试件初始时质量或动弹性模量；F：Freeze-thaw cycle，表示冻融循环，如 F25 表示经受了 25 次冻融循环；D：Dry and Wet Cycle，表示干湿循环，如 D25 表示经受了 25 次干湿循环）

a—冻融—干湿耦合作用下相对动弹性模量变化；b—冻融—干湿耦合作用下质量损失率变化

这是由于冻融—干湿耦合作用下，最先进行的冻融作用使得试件内部孔隙中的游离水和毛细孔水结冰膨胀，破坏试件内部的孔隙结构，降低密实度，故相对动弹性模量先下降，而后进行干湿作用时，孔隙内空气由于冻结作用收缩形成的负压[220]使盐溶液进入混凝土内部，可填充冻结作用产生的微裂纹，进而使相对动弹性模量趋于稳定，但随着循环周期的进行，冻胀作用持续施压，已远超出干湿作用下的填充效应，故普通混凝土在第二个循环周期时相对动弹性模量已不满足规范要求，而对于风积沙粉体混凝土，鉴于干湿作用下其不仅产生填充效应，更生成膨胀性产物钙矾石，可使内部孔隙抵御较大的冻胀应力，故风积沙粉体混凝土在第二个循环周期时相对动弹性模量仍满足要求，但随着冻胀应力的进一步累积，风积沙粉体混凝土最终发生破坏。同理，随着盐分的渗入及膨胀性产物的生成，第一个循环周期内风积沙粉体混凝土与普通混凝土质量均有所增加，但随着循环周期的进行，两者内部孔结构均受到破坏，且普通混凝土孔结构破坏程度较高，微裂纹较多，质量损失也较大，达到5.44%，高出规范要求的5.0%。

5.2.3　干湿—冻融环境下试验结果及分析

干湿—冻融耦合作用下宏观试验结果如图5-4所示，可知，风积沙粉体混凝土与普通混凝土相对动弹性模量呈现先升高后降低的变化规律，质量损失率呈现出先降低后升高的变化规律。第一个循环周期内，C25-15组风积沙粉体混凝土与C25-0组普通混凝土相对动弹性模量分别增加到125.9%、121.4%，第三个循环周期后两者的相对动弹性模量分别下降到99.0%、95.9%，高于规范要求的60%，也高于冻融—干湿耦合作用2.2倍、2.3倍；对于质量损失率，第一个循

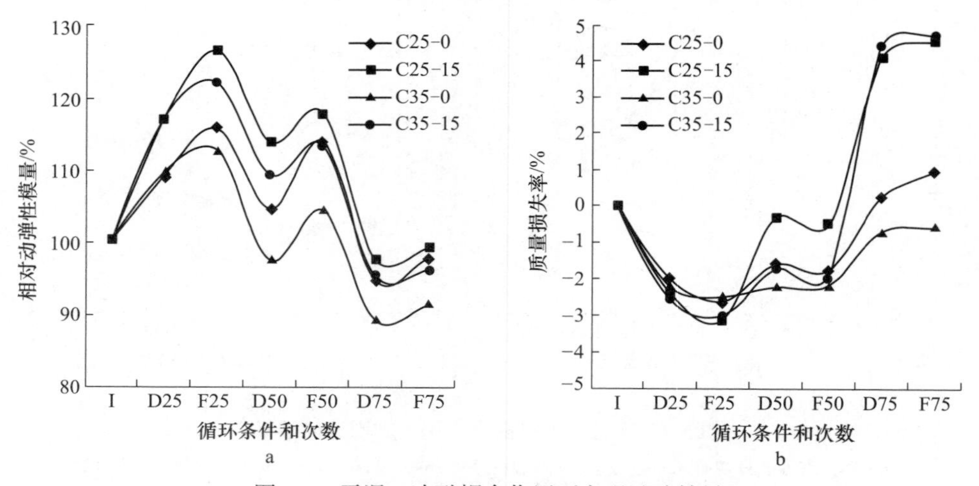

图5-4　干湿—冻融耦合作用下宏观试验结果

a—干湿—冻融耦合作用下相对动弹性模量变化；b—干湿—冻融耦合作用下质量损失率变化

环周期内，C25-15 组风积沙粉体混凝土与 C25-0 组普通混凝土质量损失率降为负值，两者质量分别增加了 3.14%、3.03%，第三个循环周期后，两者的质量损失率为正值，质量分别减少了 4.5%、4.7%。

这是由于干湿—冻融耦合作用下，首先进行的干湿循环作用不仅使盐分渗入混凝土内部，优化其孔隙结构，且风积沙粉体混凝土内部还会生成侵蚀产物钙矾石，进一步优化其孔隙结构，故第一个循环周期内两者相对动弹性模量及质量均有所增加，且风积沙粉体混凝土的提高幅度高于普通混凝土，但是随着循环的进行，干湿作用下的填充效应逐渐减弱，冻融作用下冻胀应力逐渐累积，混凝土内部孔隙结构的优化进程终止，转而在冻胀应力的作用下逐渐发生破坏，密实度下降，微裂纹增多，故相对动弹性模量及质量均有所减少。

5.3 冻融、干湿环境下微观试验结果及分析

5.3.1 核磁共振试验结果及分析

利用核磁共振技术对风积沙粉体混凝土孔隙特征进行测试，结果如图 5-5、图 5-6 及表 5-1 所示。可知，冻融、干湿循环耦合作用下 C25、C35 组风积沙粉体混凝土核磁共振图像从左到右均表现为三个特征峰，由于 T_2 谱中弛豫时间越长，孔隙孔径越大，故三个峰所代表的孔径从左到右依次增大[221~224]，冻融—干湿耦合作用及干湿—冻融耦合作用后 C25-15 组风积沙粉体混凝土中表示大孔径的第三个峰的峰比例分别为 29.17%、23.96%，C25-0 组普通混凝土为 32.98%、28.69%，可知冻融—干湿耦合作用后风积沙粉体混凝土与普通混凝土中的大孔所占比例高于干湿—冻融耦合作用，风积沙粉体混凝土中高出 5.21%，且普通混凝土在两种作用下的大孔所占比例均高于风积沙粉体混凝土。

由表 5-1 可知，初始状态下 C25-15 组风积沙粉体混凝土中多害孔比例为 33.56%，低于普通混凝土 13.9%，且冻融—干湿耦合作用、干湿—冻融耦合作用后 C25-15 组风积沙粉体混凝土中多害孔的比例分别为 64.2%、56.4%，较初始值分别增加了 30.64%、22.84%，且冻融—干湿耦合作用下风积沙粉体混凝土中多害孔的比例高出干湿—冻融耦合作用 7.8%，同时，C25-15 组风积沙粉体混凝土在冻融—干湿耦合作用后孔隙度较初始值增加了 2.1 倍，干湿—冻融耦合作用后孔隙度较初始值增加了 2 倍，且冻融—干湿耦合作用后渗透率为干湿—冻融作用后的 3.7 倍，干湿—冻融耦合作用后束缚流体饱和度高出冻融—干湿耦合作用后 13.64%，而多害孔越多，孔隙度越大，渗透率越高，束缚流体饱和度越小，混凝土抵抗硫酸盐侵蚀破坏及内部冻胀应力的能力越差，故风积沙粉体混凝土劣化显著性低于普通混凝土，且冻融—干湿耦合作用下的劣化显著性高于干湿—冻融耦合作用。

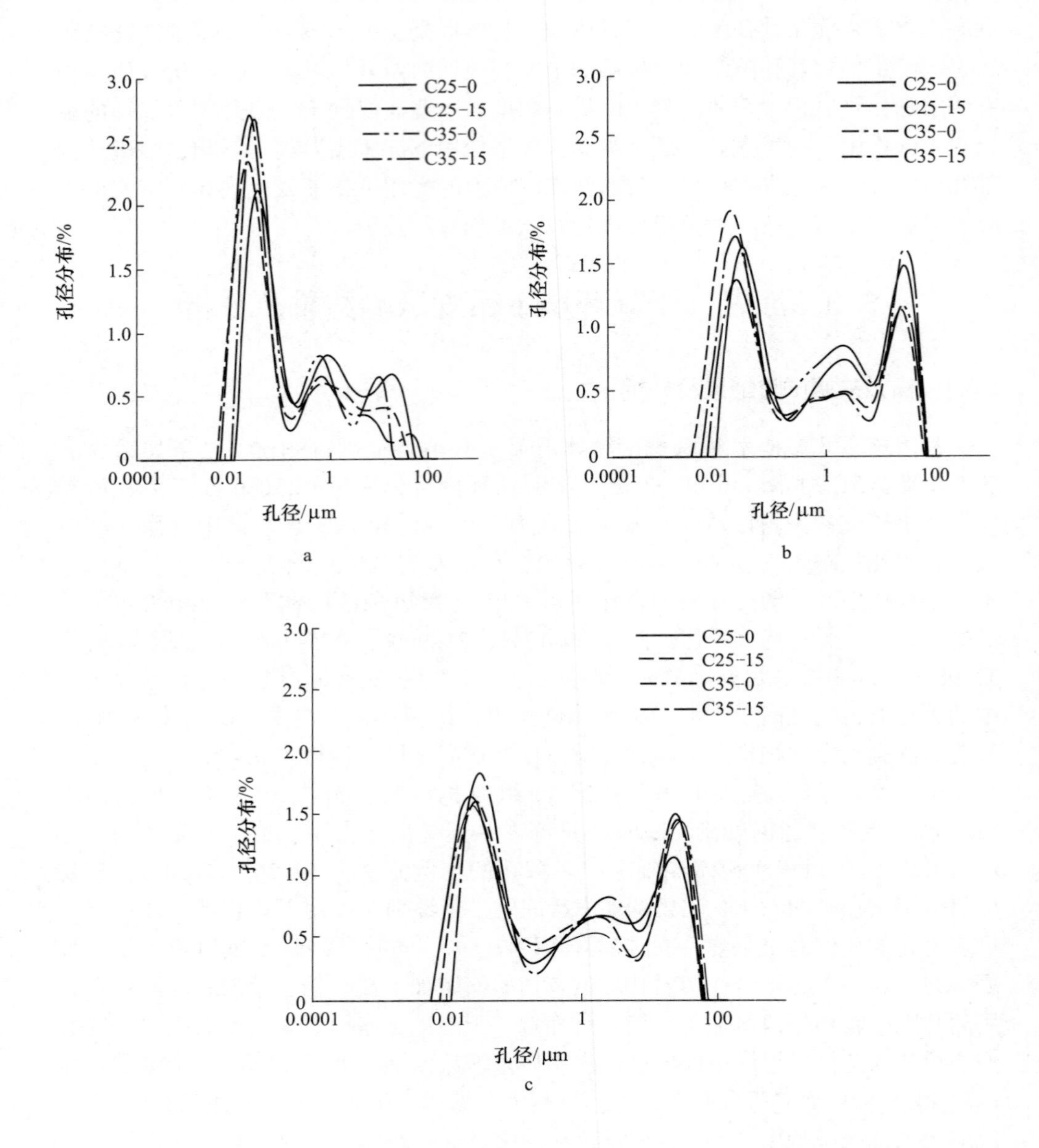

图 5-5　风积沙粉体混凝土核磁共振孔径分布（冻融、干湿环境下）

a—基准组；b—干湿—冻融作用；c—冻融—干湿作用

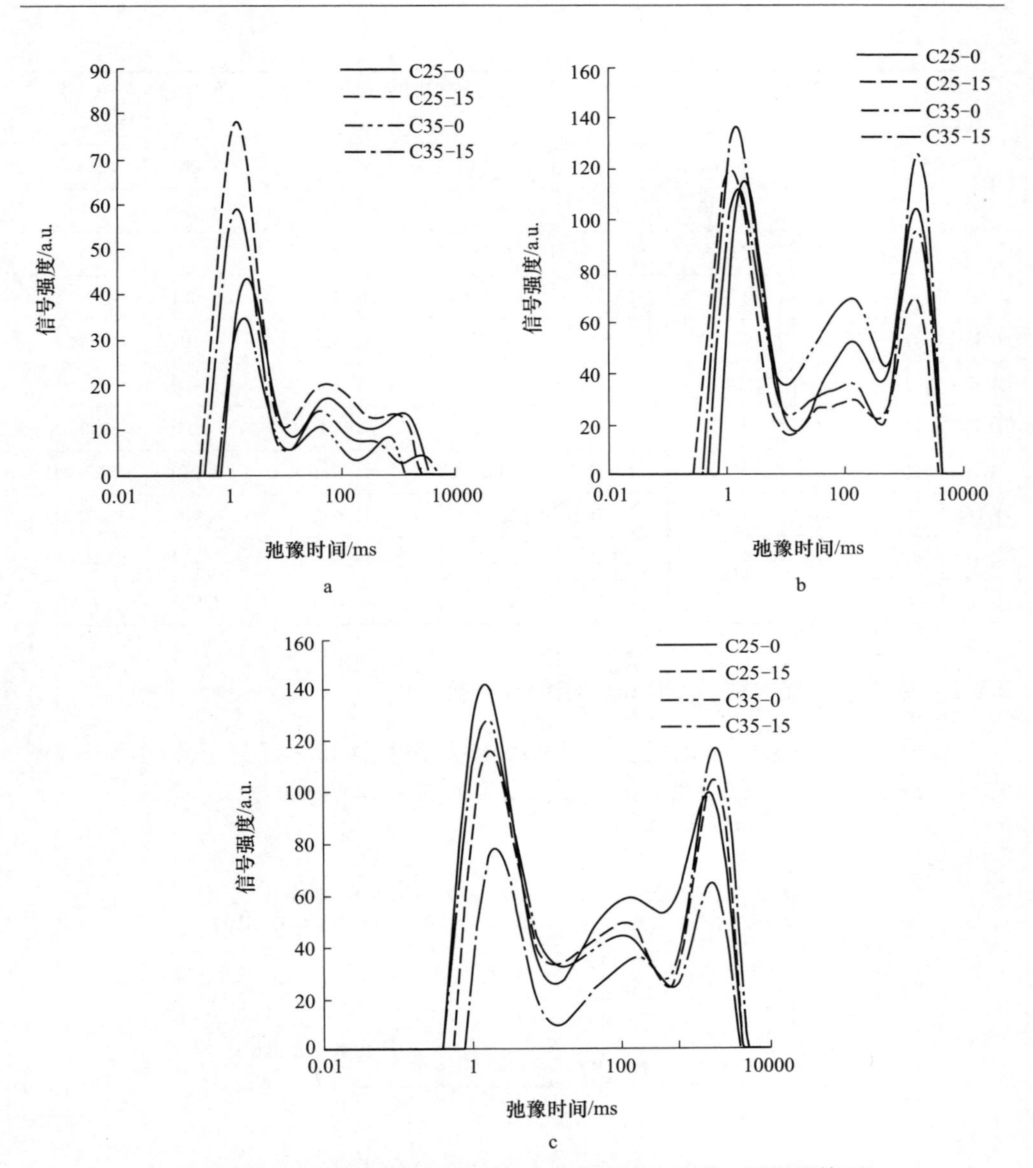

图 5-6 风积沙粉体混凝土弛豫时间与信号强度（冻融、干湿环境下）

a—基准组；b—干湿—冻融作用；c—冻融—干湿作用

表 5-1 冻融、干湿循环耦合作用下风积沙粉体混凝土核磁共振试验结果

样品编号	无害孔/%	少害孔/%	有害孔/%	多害孔/%	束缚流体饱和度/%	孔隙度/%	渗透率/md
C25-0	10.26	25.87	16.41	47.46	50.647	1.653	7.089

续表5-1

样品编号	无害孔/%	少害孔/%	有害孔/%	多害孔/%	束缚流体饱和度/%	孔隙度/%	渗透率/md
C25-15	31.63	24.44	10.4	33.53	65.033	3.063	25.447
C35-0	17.97	31.36	15.97	34.7	63.313	0.87	0.192
C35-15	33.13	27.99	9.7	29.18	69.803	1.778	1.87
D-F-C25-0	8.34	18.48	13.05	60.13	38.578	6.081	3466.318
D-F-C25-15	28.26	18.22	9.32	44.2	54.801	6.107	946.22
D-F-C35-0	13.09	14.7	11.27	60.94	37.164	7.663	9857.515
D-F-C35-15	19.75	17.97	10.83	51.45	47.21	6.59	2358.18
F-D-C25-0	17.68	17.25	10.77	54.3	44.391	7.712	5550.963
F-D-C25-15	12.19	17.85	13.56	56.4	41.637	6.489	3483.593
F-D-C35-0	16.38	17.12	13.2	53.3	44.956	7.714	5308.587
F-D-C35-15	7.29	20.41	13	59.3	39.653	3.928	551.372

5.3.2 场发射扫描电镜、XRD 试验结果及分析

在核磁共振试验的基础之上，对 C25-15 组风积沙粉体混凝土冻融、干湿循环后进行 XRD、场发射扫描电镜试验，结果如图 5-7～图 5-9 所示。

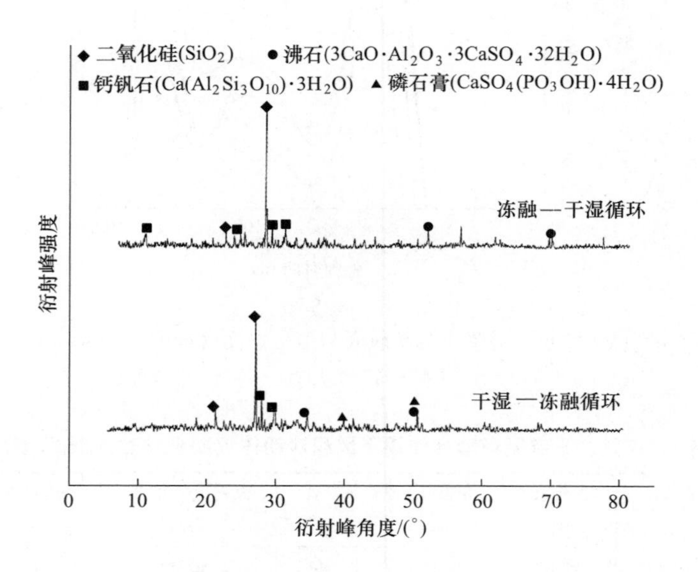

图 5-7 冻融、干湿环境下 C25-15 组 XRD 分析结果

图 5-8　冻融—干湿作用下 C25-15 组电镜试验结果

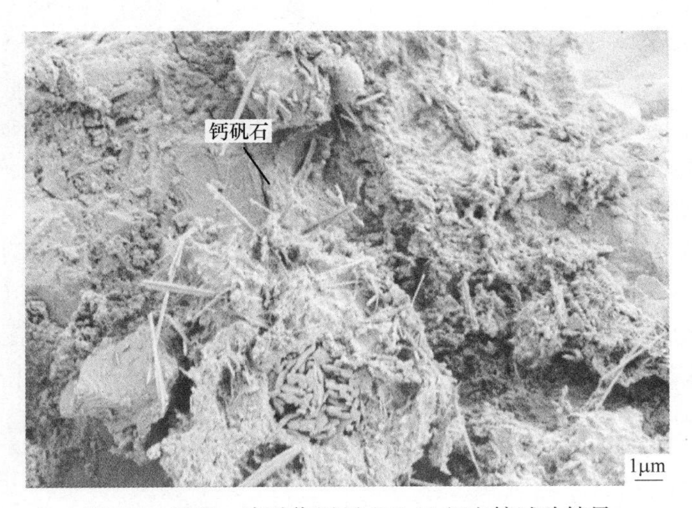

图 5-9　干湿—冻融作用下 C25-15 组电镜试验结果

由图 5-7 可知冻融—干湿作用及干湿—冻融作用后均有钙矾石生成，钱觉时、Jin 等[225,226]的研究也证明了这一试验结果，且扫描电镜结果图 5-8、图 5-9 中出现的针棒状物质也进一步印证了两种工况中均有钙矾石生成的事实。但是，对比冻融—干湿作用与干湿—冻融作用后电镜图 5-8、图 5-9 可明显发现冻融—干湿作用后针棒状产物的富集程度明显多于干湿—冻融作用，且冻融—干湿作用后钙矾石的衍射峰的数量和强度远高于后者，而钙矾石具有膨胀性，适量的钙矾石可以改善风积沙粉体混凝土内部孔结构，降低孔隙度，但当钙矾石大量富集时，其膨胀性会破坏风积沙粉体混凝土内部孔结构，使其由小孔变为大孔，由无害孔变为有害孔，表 4-1 的核磁共振结果也进一步佐证了这一现象，故冻融—干湿作用较干湿—冻融作用对风积沙粉体混凝土的劣化显著性更大。

5.4 本章小结

（1）冻融作用下，风积沙粉体混凝土相对动弹性模量下降幅度低于普通混凝土，试验结束时风积沙粉体混凝土相对动弹性模量高出普通混凝土 3.0%，且满足 F200 的抗冻性要求；干湿作用下，风积沙粉体混凝土抗压强度耐蚀系数高于普通混凝土 12.9%，且满足 KS90 的抗硫酸盐侵蚀要求，单一因素作用下风积沙粉体混凝土劣化显著性低于普通混凝土。

（2）冻融、干湿耦合作用下风积沙粉体混凝土劣化显著性高于单一因素作用，冻融作用使风积沙粉体混凝土结构由致密变为疏松多孔，孔隙度增大，为后续干湿作用时盐分进入提供了更多的孔隙通道，干湿作用加速了硫酸盐对其的化学腐蚀，生成膨胀性产物钙矾石。同时，冻融—干湿耦合作用下两者相对动弹性模量呈现先下降，后稳定，最后下降至破坏的规律，干湿—冻融耦合作用下则呈现先升高后降低的波动性变化规律，且风积沙粉体混凝土下降幅度低于普通混凝土，第三个循环周期后冻融—干湿耦合作用下风积沙粉体混凝土相对动弹性模量低于干湿—冻融耦合作用时 2.2 倍，冻融—干湿耦合作用下的劣化显著性较干湿—冻融耦合作用时高。

（3）冻融—干湿耦合作用下风积沙粉体混凝土中多害孔的比例高出干湿—冻融耦合作用 7.8%，渗透率为干湿—冻融作用后的 3.7 倍，束缚流体饱和度低于干湿—冻融耦合作用后 13.64%，钙矾石的富集程度也远高于干湿—冻融耦合作用，且孔隙度是初始值的 2.1 倍，冻融—干湿耦合作用下风积沙粉体混凝土的劣化显著性高于干湿—冻融耦合作用。

6　风沙冲蚀、碳化环境下风积沙粉体混凝土劣化机理研究

国内外大量学者已对风积沙本身的理化性质等进行研究，但在风沙冲蚀作用下研究以风积沙粉体为水泥替代材料制备的风积沙粉体混凝土的劣化机理研究尚有不足，同时，《温室气体公报》指出，2018 年全球二氧化碳平均浓度是工业化前（1750 年之前）的 153%，这大大加快了混凝土建筑物“碳化”腐蚀的进程，进而产生碳化收缩、钢筋锈蚀及混凝土建筑物结构缺陷等问题，缩短建筑物服役寿命。有鉴于此，本章以风积沙粉体为水泥替代材料的风积沙粉体混凝土为研究对象，而后在风沙冲蚀—碳化、碳化—风沙冲蚀两种工况下研究风沙冲蚀、碳化耦合作用下风积沙粉体混凝土的劣化机理，并探讨其耐久性能。

6.1　耦合工况简介

参照 2.4.3 节和 2.4.5 节的碳化及风沙冲蚀试验方法，设计风沙冲蚀、碳化耦合工况，相关试验参数不变，具体如下：

工况一：风沙冲蚀—碳化试验（Erosion and Carbonation，E-C）。

选取 100mm×100mm×100mm 的风积沙粉体混凝土（C25、C35）立方体试件各四组，首先进行风沙冲蚀试验，而后放入碳化试验箱进行碳化，在分别碳化至 3d、7d、14d、28d 后取出，进行后续微观试验。

工况二：碳化—风沙冲蚀试验（Carbonation and Erosion，C-E）。

选取 100mm×100mm×100mm 的风积沙粉体混凝土（C25、C35）立方体试件各四组，首先进行碳化试验，在分别碳化至 3d、7d、14d、28d 后取出进行风沙冲蚀试验，而后进行后续微观试验。

6.2　宏观试验结果及分析

6.2.1　力学性能试验结果及分析

风积沙粉体混凝土力学性能试验结果如图 6-1 所示，可知风沙冲蚀—碳化（E-C）、碳化—风沙冲蚀（C-E）后劈裂抗拉强度较基准组有所提高，且普通混

凝土在碳化—风沙冲蚀之后劈裂抗拉强度提高 16.5%，高于风沙冲蚀—碳化之后 9.7%，而风积沙粉体混凝土却与之相反，在风沙冲蚀—碳化之后劈裂抗拉强度提高 7.6%，高出碳化—风沙冲蚀之后 6.8%。

这是由普通混凝土和风积沙粉体混凝土的碳化机理不同导致的。在碳化时，普通混凝土主要是由于氢氧化钙和水化硅酸钙与二氧化碳反应生成碳酸钙，降低孔隙度，提高强度，这与前人研究一致[225~228]；而风积沙粉体混凝土却是氢氧化钙、水化硅酸钙、钙矾石与二氧化碳反应的过程，且脱钙之后的钙矾石释放出硫酸根离子，与碳化产物发生反应，生成硫酸钙，进而阻止碳化的进一步进行；而风沙冲蚀作用却可以将表层隔离区剥除，进而为后续碳化反应提供方便，降低孔隙度，提高强度，故风积沙粉体混凝土在风沙冲蚀—碳化耦合作用下的强度提高幅度高于碳化—风沙冲蚀耦合作用。

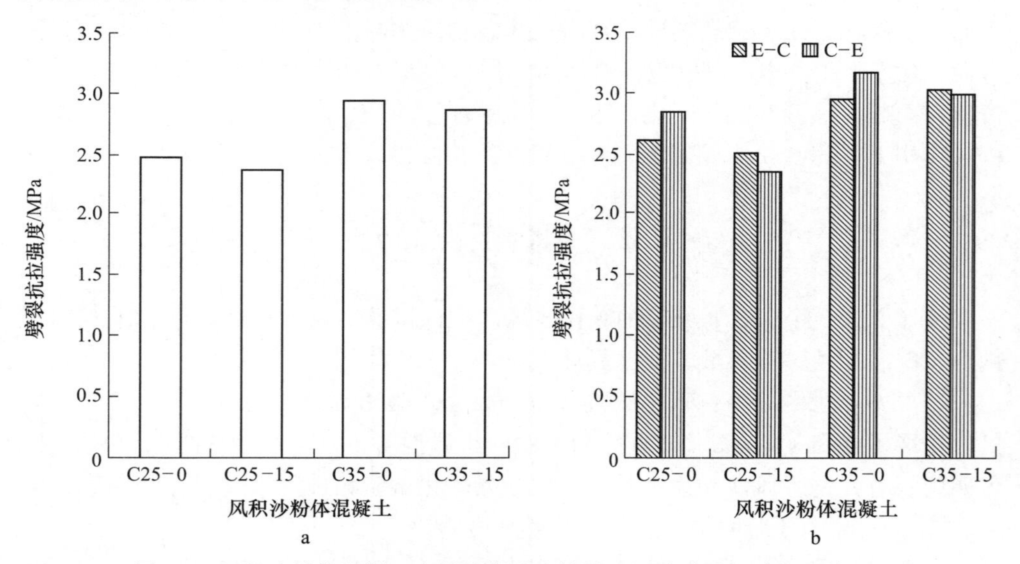

图 6-1　风积沙粉体混凝土力学性能试验结果（风沙冲蚀、碳化环境下）

a—风积沙粉体混凝土 28d 劈裂抗拉强度；b—风沙冲蚀、碳化后 28d 劈裂抗拉强度

6.2.2　风沙冲蚀—碳化试验结果及分析

风沙冲蚀—碳化作用下风积沙粉体混凝土冲蚀试验结果如图 6-2 所示，由图 6-2a 可知，在风沙冲蚀作用下，风积沙粉体混凝土质量损失略高于普通混凝土，且 C25 组高于 C35 组。风沙冲蚀后效果如图 6-2b 所示，可发现 90°冲蚀角作用时，沙粒对风积沙粉体混凝土的作用以撞击作用为主，在其表面生成冲蚀坑洞，45°冲蚀角作用时，沙粒对风积沙粉体混凝土的作用以削切作用为主，在其表面形成冲蚀沟壑，且 90°冲蚀角作用时质量损失高于 45°时，90°冲蚀角作用时 C25-

15 组质量损失高于 C25-0 组 14%。同时，结合三维剥蚀图 6-2c 可知，风积沙粉体混凝土在 90°冲蚀角作用时产生的冲蚀坑洞深度将近两倍于 45°时，且表面冲蚀坑洞、沟壑深度高于普通混凝土，45°冲蚀角作用时可高出 13.4%。

鉴于风积沙粉体混凝土的外表面覆盖着大量的硬度相对较低的水胶混合物，风沙颗粒的连续冲击导致表面产生冲蚀坑洞，随着侵蚀时间的延长，冲蚀坑附近出现疲劳裂纹并沿横向扩展，暴露内部包裹的集料。随后，风沙颗粒开始冲蚀混凝土内部结构，但内部结构中含有比沙粒更硬的水泥石和集料，因此，由于相对硬度（颗粒对目标）的减少，冲蚀质量损失减小。同时，由于在 90°冲蚀角作用时，风积沙粉体混凝土表面受力以正应力为主，45°冲蚀角作用时受平行于表面的切应力和垂直于表面的正应力的复合作用为主，故 45°冲蚀角作用时冲蚀坑洞深度小于 90°冲蚀角作用时，又由于还受到平行于表面的切应力的作用，风积沙粉体混凝土在 45°冲蚀角作用时产生冲蚀沟壑。

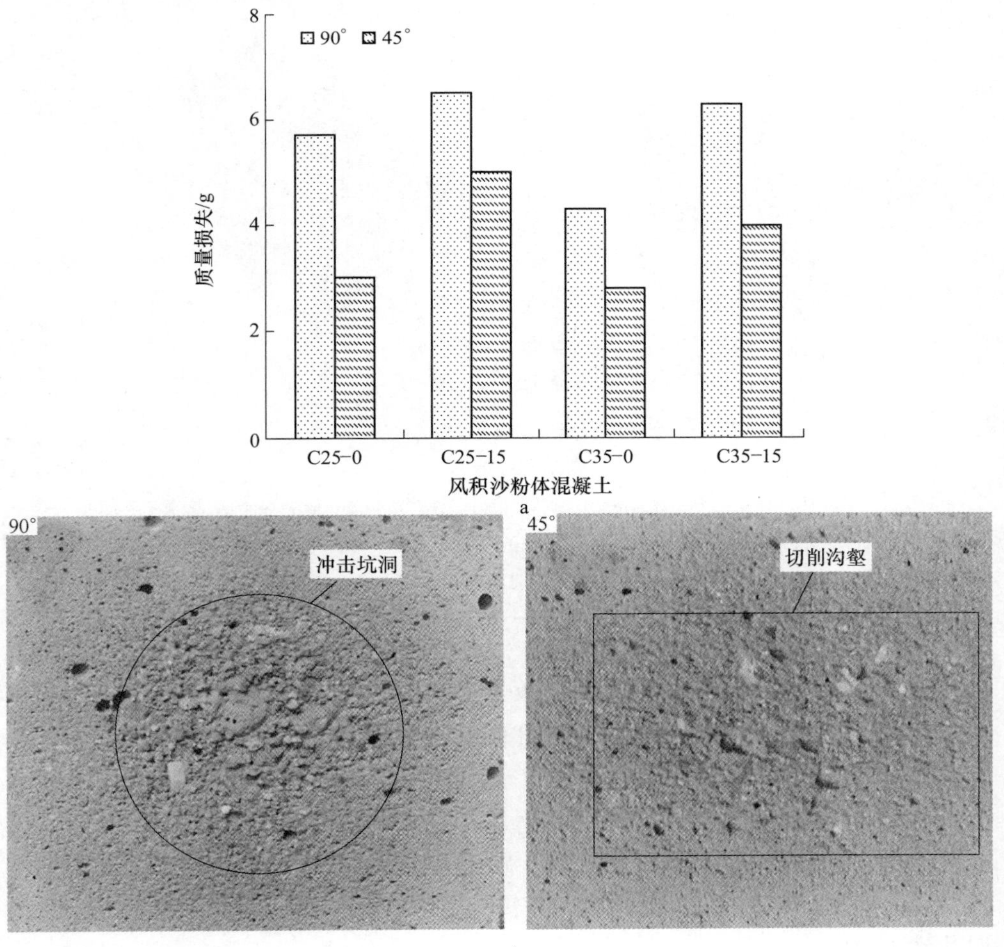

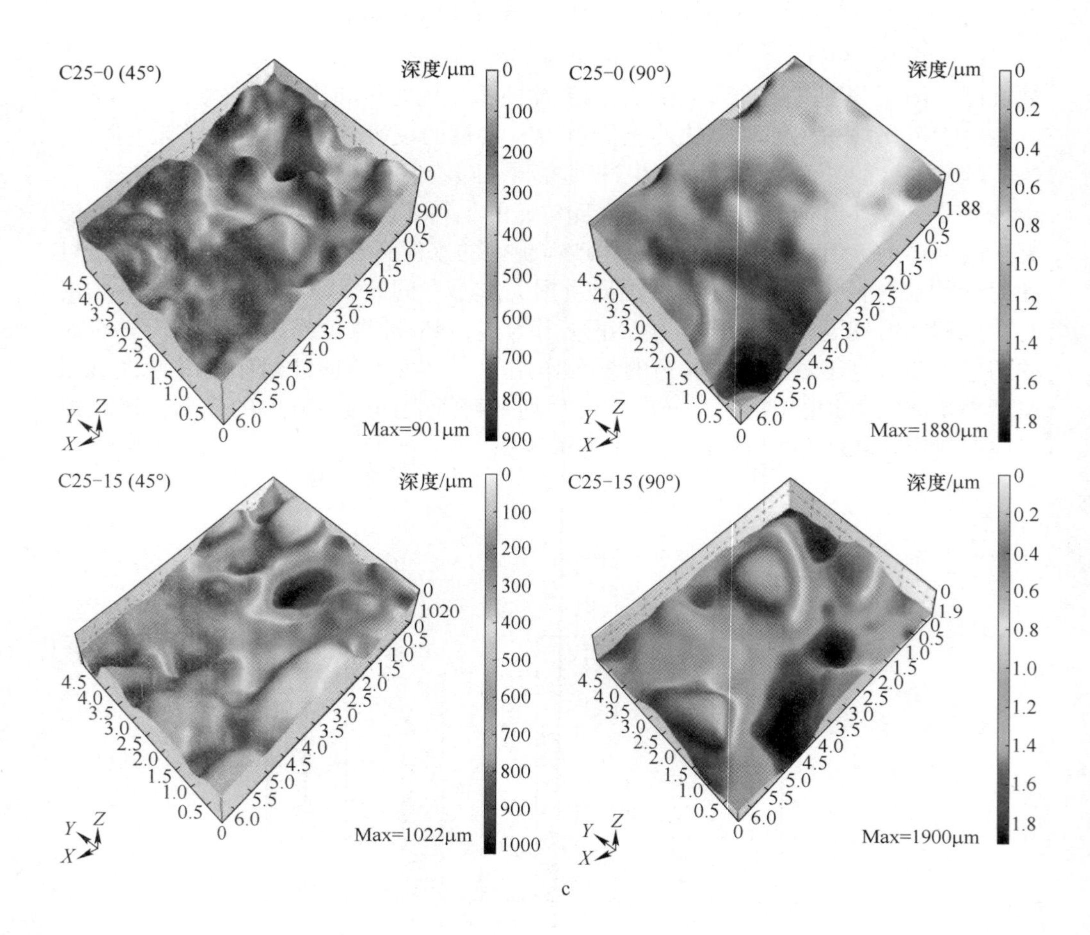

图 6-2　风沙冲蚀—碳化耦合作用下风沙冲蚀试验结果

a—风沙冲蚀—碳化后风积沙粉体混凝土质量变化；b—风沙冲蚀—碳化作用下冲蚀效果图；c—风沙冲蚀—碳化作用下三维剥蚀图

风沙冲蚀—碳化作用下风积沙粉体混凝土碳化试验结果如图 6-3 所示，由图 6-3 可知，风沙冲蚀作用后，90°冲蚀角作用时风积沙粉体混凝土碳化深度大于 45°冲蚀角，且随着碳化龄期的增加，风积沙粉体混凝土碳化深度逐渐减少，普通混凝土则先增加，后逐渐趋于稳定；3d 龄期时风积沙粉体混凝土碳化深度最高，C25-15 组达到 9. 35mm，单一碳化条件下碳化深度为 2. 56mm，风沙冲蚀后使其碳化深度增加 3 倍以上，而后随着碳化龄期的增加，风积沙粉体混凝土碳化深度逐渐减少，14d 龄期时 C25-15 组已低于 C25-0 组普通混凝土 6%，28d 龄期时达到 10. 6%。

a

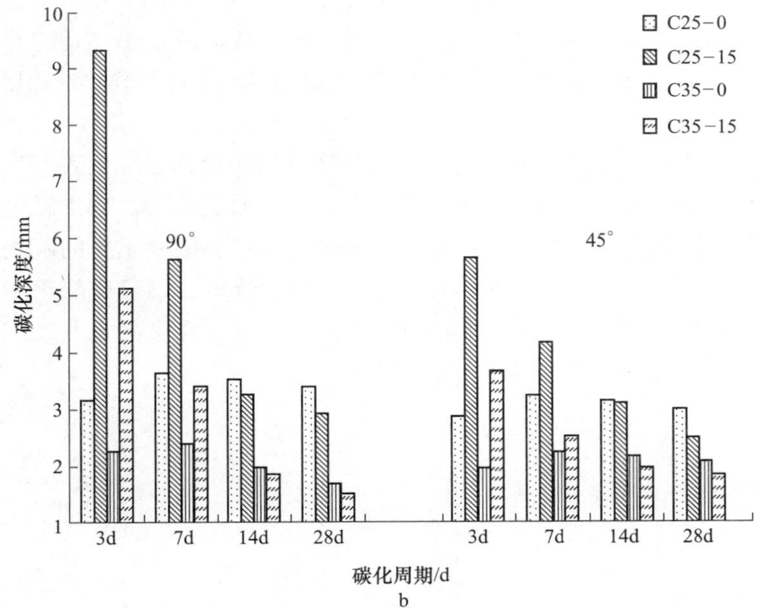

b

图 6-3 风沙冲蚀—碳化耦合作用下碳化试验结果
a—风沙冲蚀—碳化后风积沙粉体混凝土现场试验照片（C25-15）；
b—风沙冲蚀—碳化后风积沙粉体混凝土碳化深度变化

这是由于90°冲蚀角作用时冲蚀坑洞深度将近两倍于45°冲蚀角作用时，在进行后续的碳化作用时，二氧化碳会与新近裸露出的部分产生碳化反应，故90°冲蚀角作用时风积沙粉体混凝土碳化深度高于45°冲蚀角。但由于风积沙粉体混凝土特殊的理化性质，其水化产物含有较多的碱性可碳化物——氢氧化钙、钙矾石及水化硅酸钙等，而二氧化碳会和水泥基材料中的碱性可碳化物质发生反应，生成碳酸钙，如式（6-1）所示，故初始时，风积沙粉体混凝土碳化深度远高于普通混凝土。但是碳化反应使水泥基材料的 pH 值从 12.5～13 降低到 9 以下[229,230]，而后游离的氢离子与风积沙粉体混凝土中钙矾石脱钙后释放的硫酸根离子结合，在碳化部位形成局部酸性环境，并与碳化产物碳酸钙反应生成石膏和二氧化碳，如式（6-2）所示，故碳化深度随着碳化龄期逐渐降低，28d 龄期时更是低于普通混凝土 10.6%。而普通混凝土中随着碱性可碳化物的消耗殆尽，碳化深度则随着碳化龄期的增加而呈现先增加后逐渐趋于稳定的变化规律。

$$CO_2 + Ca(OH)_2 \xlongequal{} CaCO_3\downarrow + H_2O \tag{6-1}$$

$$CaCO_3 + H_2SO_4 \xlongequal{} CaSO_4 + CO_2\uparrow + H_2O \tag{6-2}$$

6.2.3 碳化—风沙冲蚀试验结果及分析

碳化—风沙冲蚀作用下风积沙粉体混凝土试验结果如图 6-4 所示，由图 6-4a 可知，碳化作用后风积沙粉体混凝土碳化深度高于普通混凝土，且随着碳化龄期的增加，呈现先增加后降低的变化规律，28d 龄期时 C25-15 组碳化深度高出 C25-0 组 38.9%。

这是由于碳化—风沙冲蚀作用下，碳化使风积沙粉体混凝土表面生成碳酸钙保护层，且由于风积沙粉体混凝土碳化深度高于普通混凝土，故生成更多的碳酸钙，但是随着龄期的增加，碳化深度却由于风积沙粉体混凝土中的硫酸根离子在碳化后的局部酸性环境中与碳酸钙发生化学反应而降低，随着硫酸钙附着在碳酸钙表面和未碳化部分，碳化反应难以继续进行，故碳化深度降低并趋于稳定，普通混凝土碳化深度则逐步升高直至稳定。

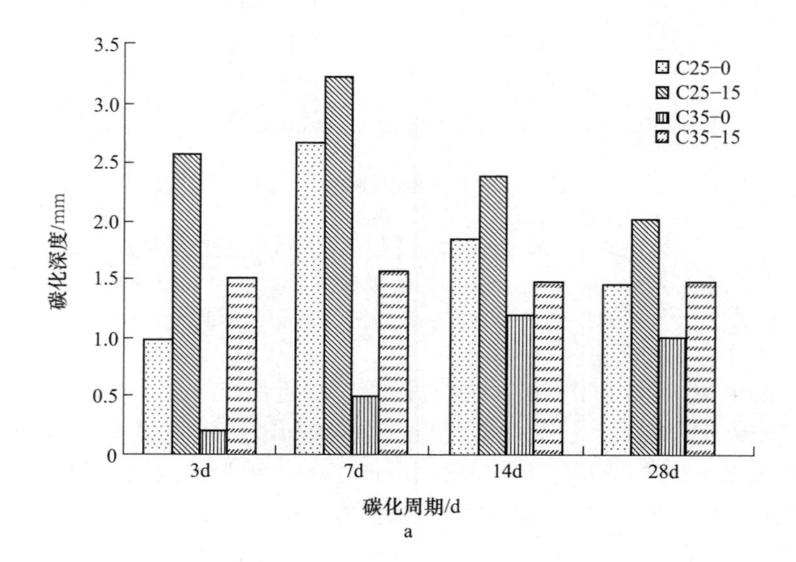

a

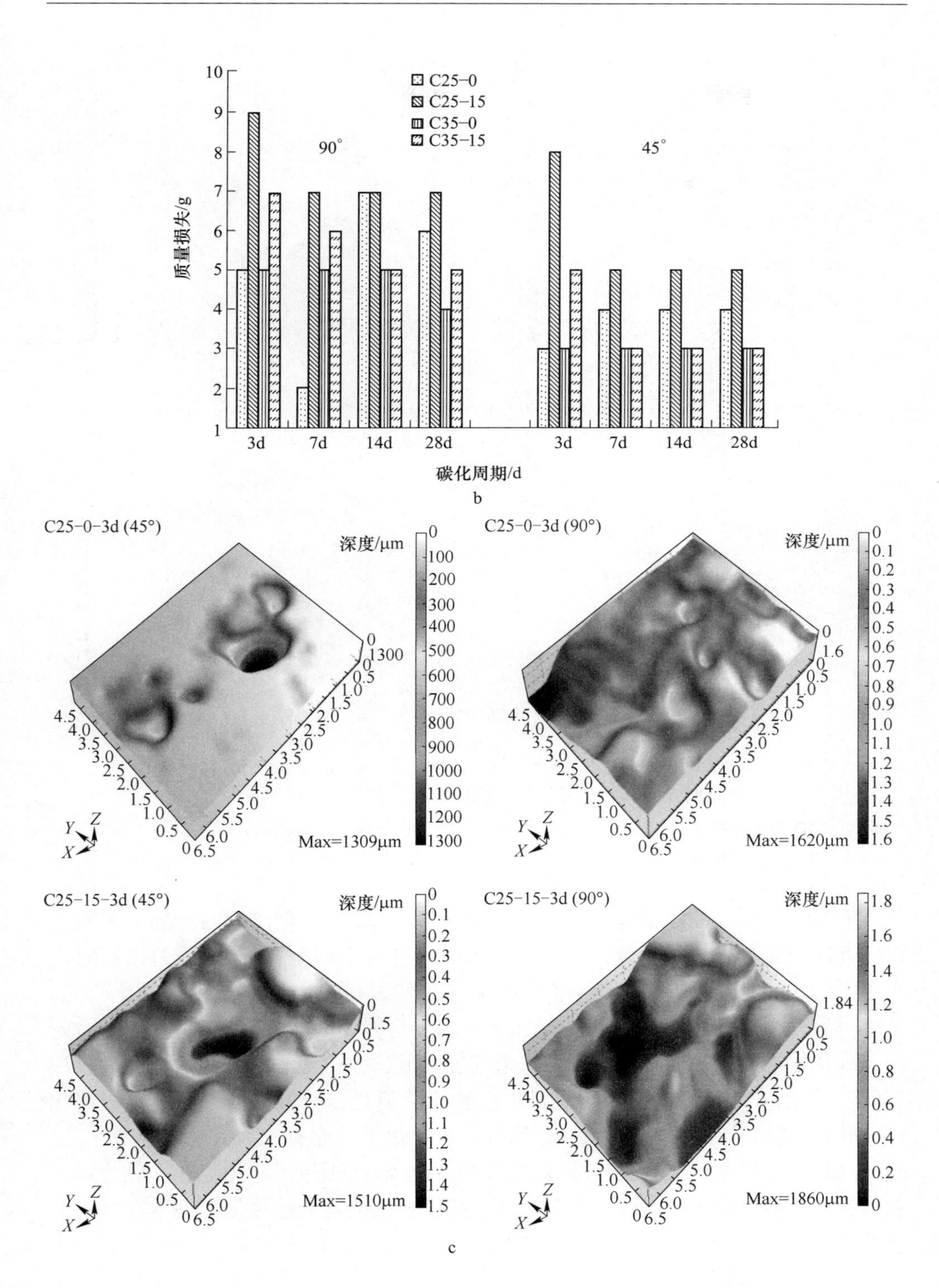

C25-0
C25-15
C35-0
C35-15
90°
45°
质量损失/g
碳化周期/d
3d
7d
14d
28d
b
C25-0-3d (45°)
深度/μm
Max=1309μm
C25-0-3d (90°)
Max=1620μm
C25-15-3d (45°)
Max=1510μm
C25-15-3d (90°)
Max=1860μm
c

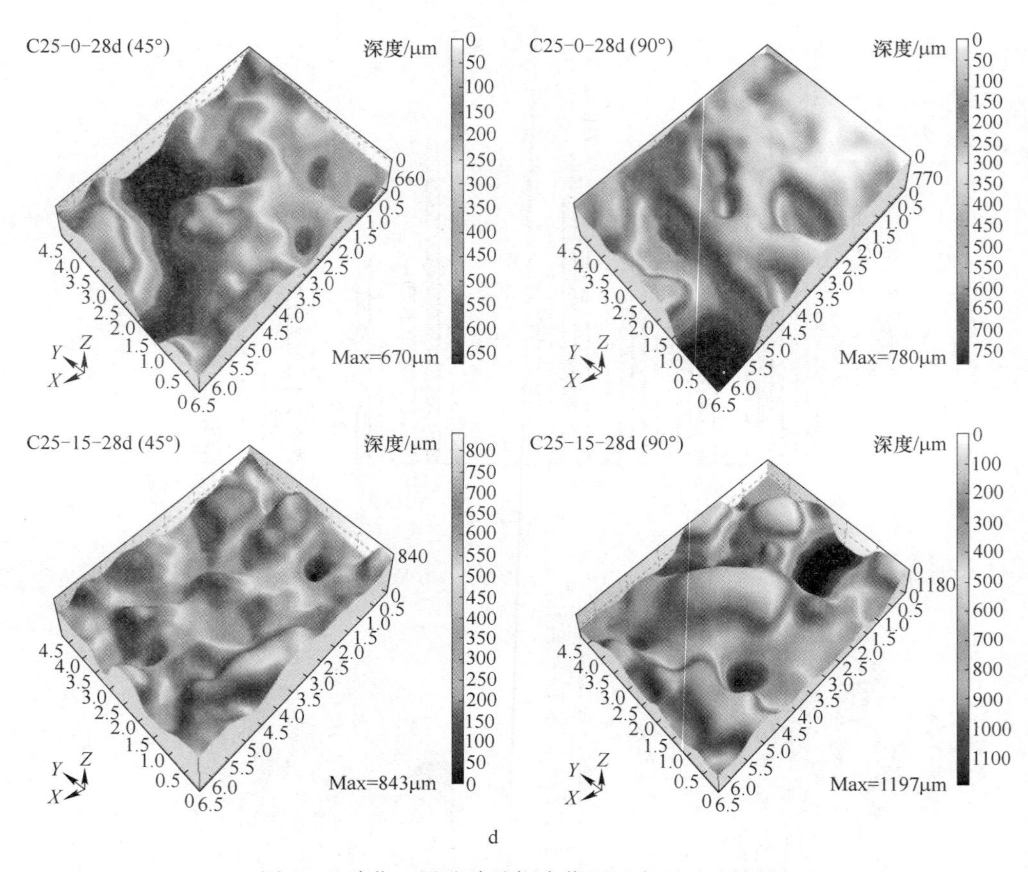

d

图 6-4　碳化—风沙冲蚀耦合作用下宏观试验结果

a—碳化—风沙冲蚀后风积沙粉体混凝土碳化深度变化；b—碳化—风沙冲蚀后风积沙粉体混凝土质量变化；c—碳化—风沙冲蚀作用下三维剥蚀图（3d）；d—碳化—风沙冲蚀作用下三维剥蚀图（28d）

而后进行风沙冲蚀试验结果如图 6-4b 所示，随着碳化龄期的增加，风积沙粉体混凝土质量损失先降低，后稳定，且高于普通混凝土，90°冲蚀角作用时高于 45°，3d 龄期时 45°冲蚀角作用下 C25-15 组质量损失为 8g，高出 C25-0 组 5g，较单一风沙冲蚀条件下质量损失增加 1. 6 倍，同时由三维剥蚀图 6-4c、d 可知，随着碳化龄期的增加，冲蚀坑洞、沟壑深度降低，碳化 28d 时冲蚀坑洞、沟壑深度低于碳化 3d 时 1. 5 倍以上，质量损失减少，但是，与风沙冲蚀—碳化作用相比，碳化 3d 时质量损失较其高 38. 5%，碳化 28d 时质量损失较其高 7. 7%。

这是由于碳化后进行风沙冲蚀试验时，由于碳酸钙保护层的存在，风沙粒子对风积沙粉体混凝土表面的冲击和削切作用减弱，但是碳酸钙保护层本身具有一定的膨胀特性[231]，其对于作用于风积沙粉体混凝土冲击力有一定的抵消作用，而与平行于风积沙粉体混凝土表面的切应力几乎垂直相交，故 45°冲蚀角作用时 C25-15 组表面冲蚀坑洞、沟壑深度高于风沙冲蚀—碳化作用时 47.7%，随着碳化龄期的增加，碳化产物部分被转化为石膏，抵抗风沙冲蚀的能力增强，冲蚀坑洞、沟壑深度降低，质量损失也逐渐降低并趋于稳定，但高于风沙冲蚀—碳化作用时质量损失。

6.3　风沙冲蚀、碳化微观试验结果及分析

运用核磁共振技术对风沙冲蚀—碳化耦合作用前后风积沙粉体混凝土孔隙特征进行测试，结果如图 6-5 及表 6-1 所示。

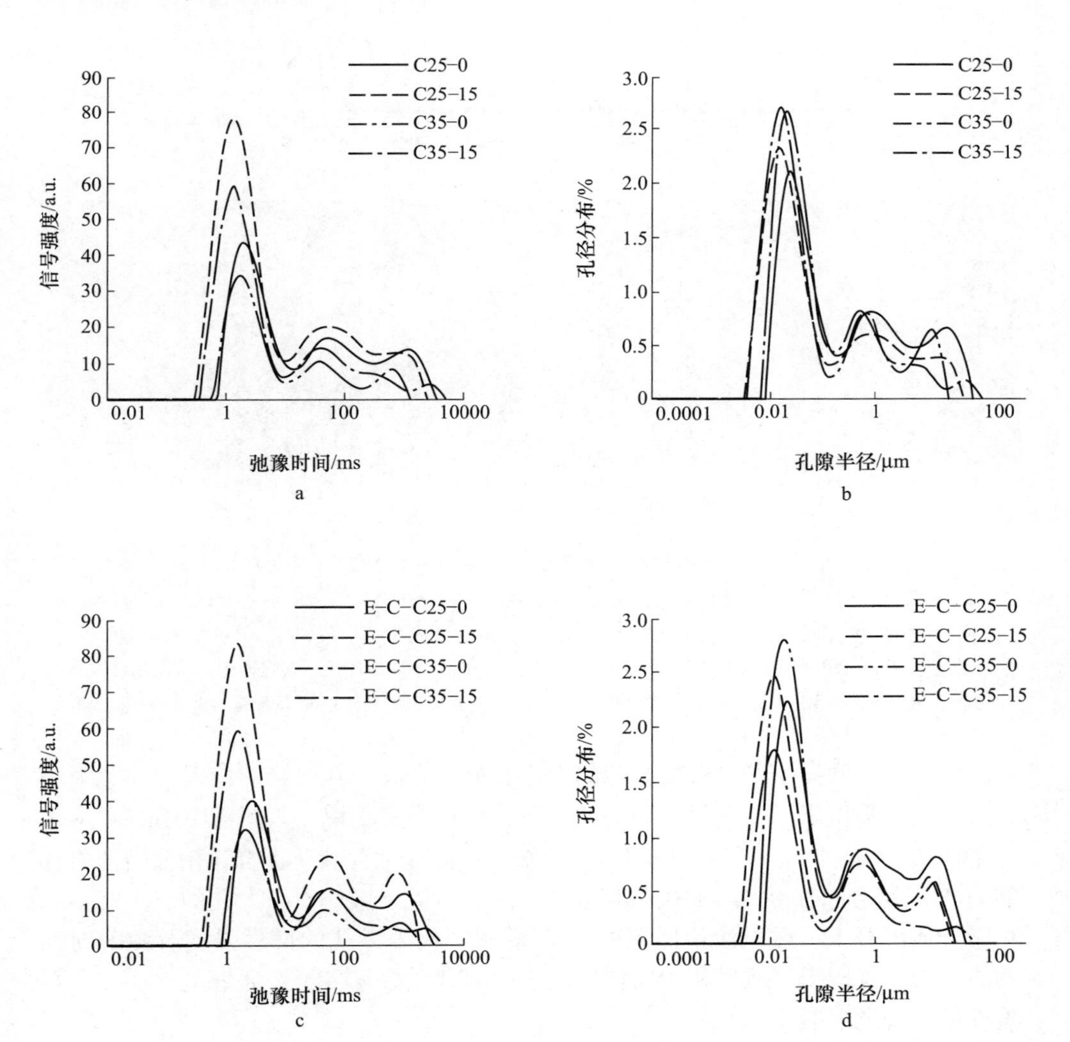

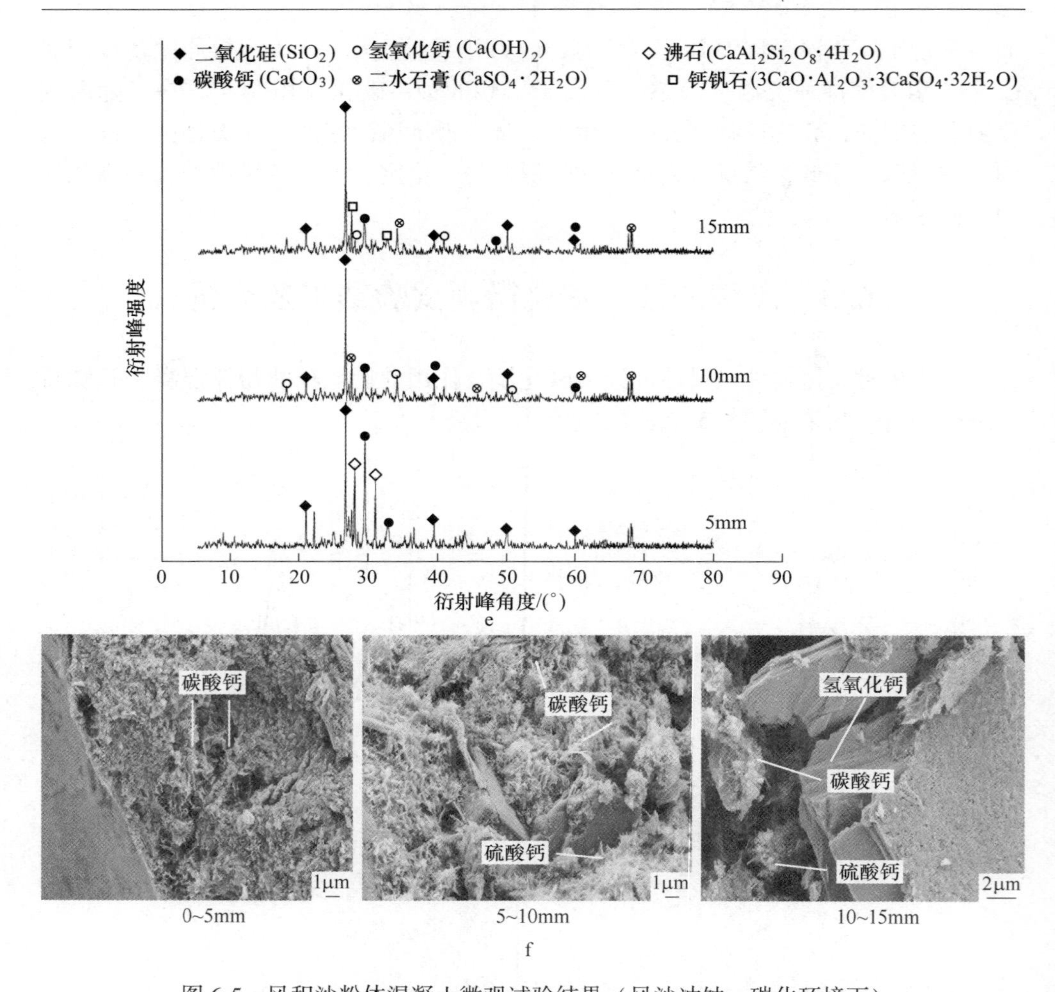

图 6-5 风积沙粉体混凝土微观试验结果（风沙冲蚀、碳化环境下）

a—风积沙粉体混凝土初始弛豫时间与信号强度；b—风积沙粉体混凝土初始孔隙半径与孔径分布；c—风沙冲蚀—碳化耦合作用后风积沙粉体混凝土初始弛豫时间与信号强度；d—风沙冲蚀—碳化耦合作用后风积沙粉体混凝土初始孔隙半径与孔径分布；e—风沙冲蚀—碳化作用后风积沙粉体混凝土 XRD 试验结果（C25-15）；f—风沙冲蚀—碳化作用后风积沙粉体混凝土电镜试验结果（C25-15）

鉴于核磁共振谱的分布与孔隙的大小和分布有关，其中峰的位置与孔隙大小有关，信号强度表示与该尺寸相关的孔隙数量，通常来说，T_2图谱中 1ms 对应水泥浆体中 24nm[232,233]，由图 6-5a ~ d 可知，风沙冲蚀—碳化耦合作用前后所有样品的 T_2图谱分布在 0.01 ~ 10000ms 范围之间，对应于微、中、大孔的三个峰，相对于普通混凝土，风积沙粉体混凝土 T_2谱图中代表微孔的信号强度及弛豫时间均高于普通混凝土，故风积沙粉体混凝土内部微孔数量多于普通混凝土，劣化显著性低于普通混凝土。

表 6-1　风积沙粉体混凝土核磁共振试验结果（风沙冲蚀、碳化环境下）

样品编号	束缚流体饱和度/%	孔隙度/%	渗透率/mD	无害孔/%	少害孔/%	有害孔/%	多害孔/%
C25-0	50.647	1.653	7.089	10.26	25.87	16.41	47.46
C25-15	65.033	3.063	25.447	31.63	24.44	10.4	33.53
C35-0	63.313	0.87	0.192	17.97	31.36	15.97	34.7
C35-15	69.803	1.778	1.87	33.13	27.99	9.7	29.18
E-C-C25-0	48.117	1.518	4.7	6.08	23.93	20.32	49.67
E-C-C25-15	64.544	2.596	27.725	31.23	23.77	10.65	34.35
E-C-C35-0	61.331	0.752	0.127	14	30.17	19.13	36.7
E-C-C35-15	68.684	1.422	1.827	20.75	17.4	7.12	54.73

对风沙冲蚀—碳化作用后的 C25-15 组风积沙粉体混凝土由表及里在 0~5mm、5~10mm、10~15mm 范围内取样进行 X 射线衍射分析、场发射扫描电镜试验结果如图 6-5e、f 所示，可知，C25-15 组风积沙粉体混凝土在 0~5mm 范围内产生片叶状碳化产物碳酸钙[239,240]，5~10mm 范围内出现纤维状产物硫酸钙[241,242]和碳酸钙，10~15mm 范围内发现光滑的氢氧化钙和硫酸钙、碳酸钙，这表明碳化反应由表及里逐渐进行，在中间层 5~10mm 范围内碳化产物发生变化，生成硫酸钙，10~15mm 范围内出现碳化区域、非碳化区域及碳化产物发生变化的混合区。这是由于风积沙粉体混凝土的碳化机制是其水化产物中的氢氧化钙、钙矾石及水化硅酸钙与二氧化碳发生脱钙反应，生成碳酸钙和二氧化硅凝胶，而后风积沙粉体混凝土中的硫酸盐与碳化产物发生反应生成硫酸钙，而硫酸钙自身的微膨胀特性会增强风积沙粉体混凝土的密实度，提高抗渗性，进而阻止碳化反应的进一步发展。

鉴于束缚流体饱和度越高、孔隙度越小，混凝土耐久性能越好[234~236]，由表 6-1 可知，风积沙粉体混凝土束缚流体饱和度高于普通混凝土，C25-15 组高出 C25-0 组 14.39%，结合吴中伟等[213]对孔径的分析可知（见 4.3.1 节），风积沙粉体混凝土内部孔径在 20nm 以下的无害孔比例为 31.63%，比普通混凝土高，C25-15 组高出 C25-0 组 21.37%，且 200nm 以上多害孔少于普通混凝土 29.4%，这说明虽然风积沙粉体混凝土孔隙度略高于普通混凝土，但其内部多为无害的微孔，在经受风沙冲蚀—碳化耦合作用之后，风积沙粉体混凝土中孔径在 20nm 以下的无害孔的比例下降到 31.23%，下降幅度远低于普通混凝土，高出普通混凝土 25.15%，孔径较小的密实部分会加大后续风沙冲蚀、碳化的难度。同时，碳酸钙、硫酸钙等碳化产物的膨胀特性[237,238]使其内部形成了封闭的孔隙，造成的气孔阻塞效应使碳化后的孔隙度降低，风积沙粉体混凝土孔隙度下降幅度为15.2%，高于普通混凝土7.2%，阻碍碳化反应的进一步进行，故在风沙冲蚀—碳化耦合作用下，随着龄期的增加，风积沙粉体混凝土碳化深度低于普通混凝土。

6.4 本章小结

（1）风沙冲蚀破坏风积沙粉体混凝土表面水泥石结构，暴露内部包裹的粗集料，可使碳化深度增加3倍以上；碳化作用时，普通混凝土碳化时是由于氢氧化钙和水化硅酸钙发生脱钙反应，风积沙粉体混凝土则是由于氢氧化钙、水化硅酸钙和钙矾石发生脱钙反应，碳化产物自身的膨胀作用使混凝土变的疏松，使风沙冲蚀后质量损失增加1.6倍以上。

（2）相对于单一工况，风沙冲蚀、碳化耦合作用劣化显著性较高，且风沙冲蚀—碳化耦合作用对风积沙粉体混凝土的劣化显著性低于碳化—风沙冲蚀作用，风沙冲蚀—碳化耦合作用时，在90°冲蚀角作用时产生的冲蚀坑洞深度将近两倍于45°时，且风沙冲蚀后，碳化深度随着龄期的增加而逐渐减少，14d龄期时C25-15组风积沙粉体混凝土碳化深度已低于C25-0组普通混凝土6%，28d龄期时达到10.6%。

（3）风积沙粉体混凝土内部孔径在20nm以下的无害孔的比例多于普通混凝土21.37%，200nm以上多害孔少于普通混凝土29.4%，其劣化显著性低于普通混凝土；风沙冲蚀—碳化耦合作用后风积沙粉体混凝土孔隙度下降幅度高于普通混凝土7.2%，20nm以下的无害孔的比例高于普通混凝土25.15%，且沿碳化深度方向10~15mm范围内形成碳化区、碳化产物发生变化区（生成硫酸钙）及非碳化区共同存在的混合区。

7 冻融、碳化环境下风积沙粉体混凝土劣化机理研究

现有的理论模型、研究手段往往是在单一环境条件下研究混凝土材料的抗冻性能、抗碳化性能等耐久性问题，而对于能反映混凝土材料实际服役环境的复合工况下混凝土耐久性问题的研究相对较少，同时，由于抗冻性是衡量寒区混凝土耐久性的重要指标之一，而碳化又是自然界中最为常见且时刻都在混凝土中进行的物理化学反应，故本章在冻融—碳化、碳化—冻融两种工况下探讨风积沙粉体混凝土的劣化机理及耐久性，进而在开发利用风积沙资源、生态修复及治理、降低工程造价的前提下开发出适用于寒区特殊环境的新型混凝土。

7.1 耦合工况简介

工况一、二为单一冻融或碳化试验，试验方法参照 2.4.2 节和 2.4.3 节所述方法进行试验。

工况三：冻融—碳化试验（Feeeze and Thaw-Carbonation，F-C）。

选取 100mm×100mm×400mm 的棱柱体和 ϕ50mm×H50mm 的圆柱体（C25、C35 组）风积沙粉体混凝土试件各四组，首先进行冻融试验（25 次），而后进行碳化试验（3d），两个试验项为一个大循环，依次交替进行，共进行两个大循环。

工况四：碳化—冻融试验（Carbonation-Feeeze and Thaw，C-F）。

选取 100mm×100mm×400mm 的棱柱体和 ϕ50mm×H50mm 的圆柱体（C25、C35 组）风积沙粉体混凝土试件各四组，首先进行碳化试验（3d），而后进行冻融试验（25 次），两个试验项为一个大循环，依次交替进行，共进行两个大循环。

7.2 冻融、碳化环境下宏观试验结果及分析

7.2.1 相对动弹性模量变化规律及机理分析

风积沙粉体混凝土冻融、碳化作用下相对动弹性模量变化规律如图 7-1 所

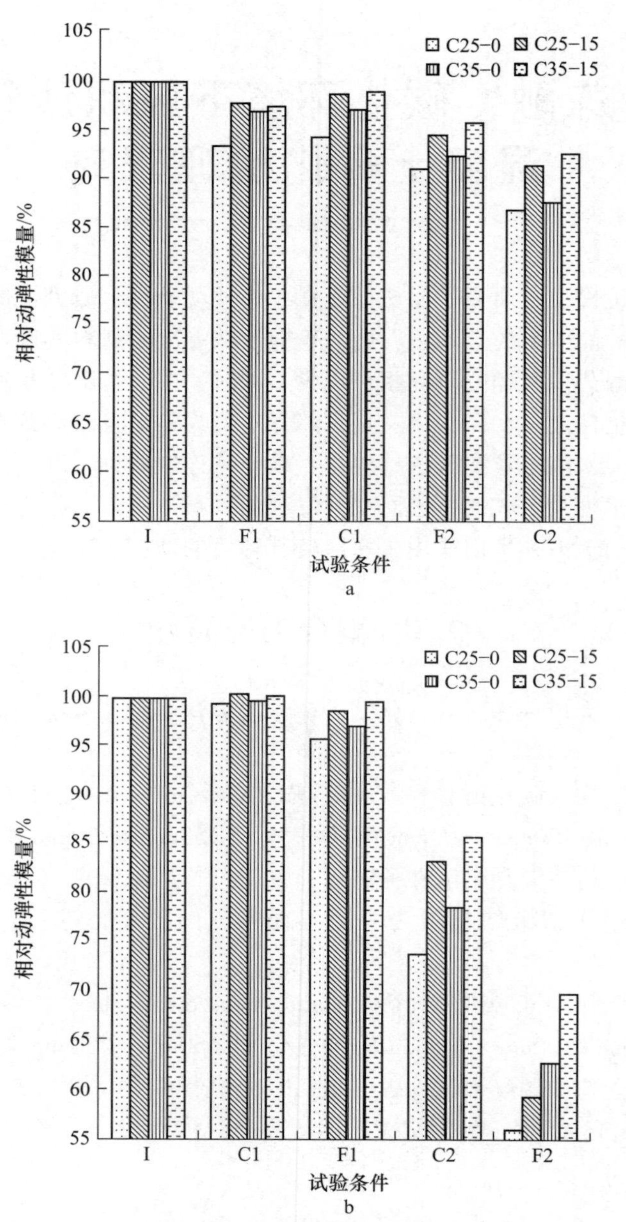

图 7-1 冻融、碳化环境下风积沙粉体混凝土相对动弹性模量变化规律

（I：Initial state，表示混凝土没有受外界作用时的初始状态；C：Carbonization，C1、C2 表示第一、二个碳化周期；F：Freeze Thaw，F1、F2 表示第一、二个冻融周期）

a—冻融—碳化作用下风积沙粉体混凝土相对动弹性模量变化规律；

b—碳化—冻融作用下风积沙粉体混凝土相对动弹性模量变化规律

示，由图可知，风积沙粉体混凝土相对动弹性模量下降幅度低于普通混凝土，且冻融—碳化耦合作用下的下降幅度低于碳化—冻融耦合作用。碳化—冻融耦合作用下两个循环周期之后，C25组风积沙粉体混凝土相对动弹性模量为59.6%，已低于60%，且低于冻融—碳化作用下1.5倍。同时，冻融—碳化作用下风积沙粉体混凝土相对动弹性模量先降低，后增加，后下降直至破坏，而碳化—冻融耦合作用下相对动弹性模量先增加，后降低，后下降至破坏。

这表明碳化作用使风积沙粉体混凝土相对动弹性模量增大，冻融作用使其减小。这是由于冻结一般在最外层开始，仅当温度进一步下降时才会向内部延伸，内部的冻胀使孔隙得到发育，进而使表层的裂纹也进一步扩展；碳化是一个复杂的物理化学变化过程，二氧化碳在浓度梯度的作用下通过混凝土内部复杂的孔隙系统进入其内部，进而与碱性可碳化物发生碳化反应，生成碳酸钙，碳酸钙导致混凝土发生11%体积膨胀[243,244]。冻融—碳化耦合作用下，初始的冻胀作用使其孔隙度增大，相对动弹性模量降低，而后的碳化作用生成的碳酸钙的膨胀性降低孔隙度，细化孔隙结构，相对动弹性模量增加；随着试验的进行，风积沙粉体混凝土内部的冻胀和碳酸钙结晶膨胀使其孔隙结构受到破坏，表层的裂纹也随之进一步扩展，相对动弹性模量逐渐降低；碳化—冻融耦合作用下，初始的碳化作用降低其孔隙度，相对动弹性模量增加，而后的冻胀作用使其孔隙度增大，相对动弹性模量减小，直至破坏。

7.2.2 碳化深度变化规律及机理分析

风积沙粉体混凝土冻融、碳化作用下碳化深度变化规律如图7-2所示，由图可知，风积沙粉体混凝土碳化深度随着冻融、碳化作用下循环周期的增加而增加，碳化—冻融耦合作用下C25组风积沙粉体混凝土碳化深度高于冻融—碳化耦合作用下5.0%，C25组普通混凝土碳化—冻融耦合作用下的碳化深度却高出冻融—碳化作用下2倍，这表明风积沙粉体混凝土具有与普通混凝土截然不同的碳化机理。

由于普通混凝土主要是氢氧化钙和水化硅酸钙与二氧化碳反应生成碳酸钙，这与前人研究一致[245,246]，而且，碳酸钙的膨胀特性使其在后续的冻融作用时承受更大的应力，从而建立更多的孔隙通道以便于后续的碳化进程，而风积沙粉体混凝土却是氢氧化钙、水化硅酸钙、钙矾石与二氧化碳反应的过程，除有碳酸钙生成外，钙矾石等物质也参与碳化进程，且脱钙之后的钙矾石释放出硫酸根离子，同时，混凝土在碳化作用后平均pH值从12或14下降到8或9，进而使硫酸根离子在碳化之后的弱碱性环境中与碳化产物发生反应，生成硫酸钙，进而阻止碳化的进一步进行，膨胀性碳化产物碳酸钙的减少使其在后续的冻融作用时承受的应力减小，不足以破坏孔隙结构。同时，冻融—碳化耦合作用时，鉴于初始的冻胀作用不足以破坏其内部的孔隙结构，无法促进后续的碳化作用时的孔隙发育，故普通混凝土在碳化—冻融耦合作用下的碳化深度高出冻融—碳化作用下2倍，风积沙粉体混凝土仅高出5%。

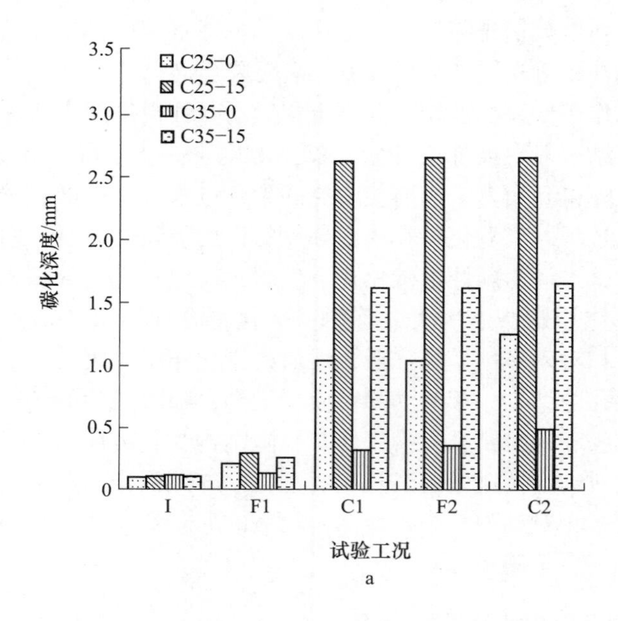

a

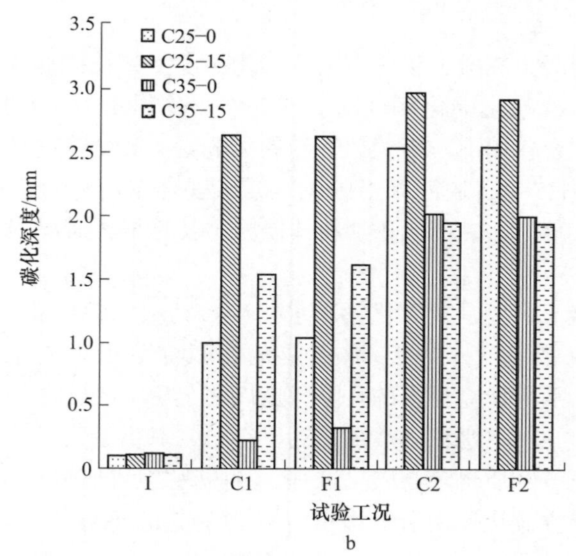

b

图 7-2　冻融、碳化环境下风积沙粉体混凝土碳化深度变化规律

a—冻融—碳化作用下碳化深度变化规律；b—碳化—冻融作用下碳化深度变化规律

7.3 冻融、碳化环境下微观试验结果及分析

7.3.1 场发射扫描电镜、XRD 试验结果及分析

冻融—碳化耦合作用下风积沙粉体混凝土扫描电镜及 X 射线衍射试验结果如图 7-3、图 7-4 所示，相对于基准组（图 7-3a、b），冻融—碳化作用后普通混凝土 0~5mm、5~10mm、10~15mmm 范围内均发现棱柱状或菱形的产物，结合 XRD 分析可知该产物为碳酸钙（$2\theta \approx 29.6°$）[247,248]结晶，且 5~10mm 范围内发现铵石膏；风积沙粉体混凝土 0~5mm 范围内出现棱柱状聚集到一起的片簇状碳酸钙结晶，5~10mm 范围内又发现纤维状的产物，结合 XRD 分析可知该产物为硫酸钙，10~15mm 范围内则密布纤维网状硫酸钙（$2\theta \approx 27.9°$）[249,250]。

碳化—冻融耦合作用下风积沙粉体混凝土扫描电镜形貌及 XRD 物相分析结果如图 7-5、图 7-6 所示，相对于基准组（图 7-3a、b），碳化—冻融耦合作用后普通混凝土 0~5mm 范围内发现片簇状聚集的碳酸钙结晶，5~10mm 范围内出现

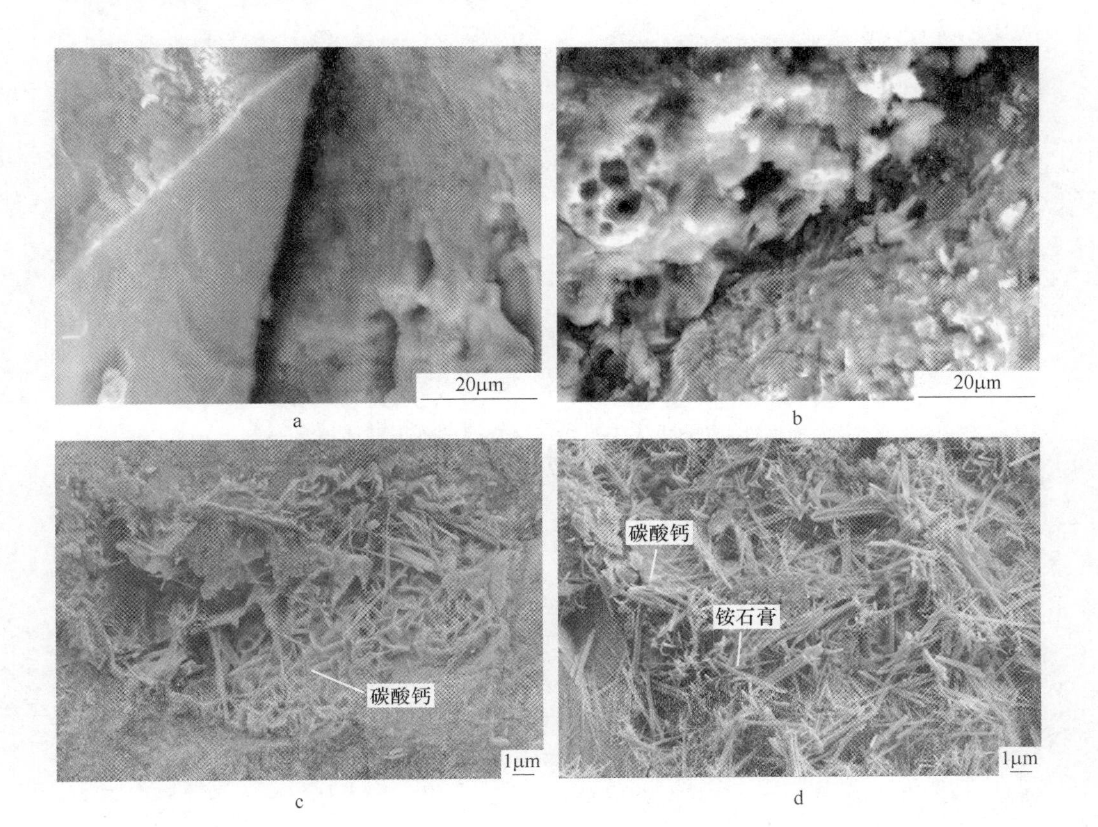

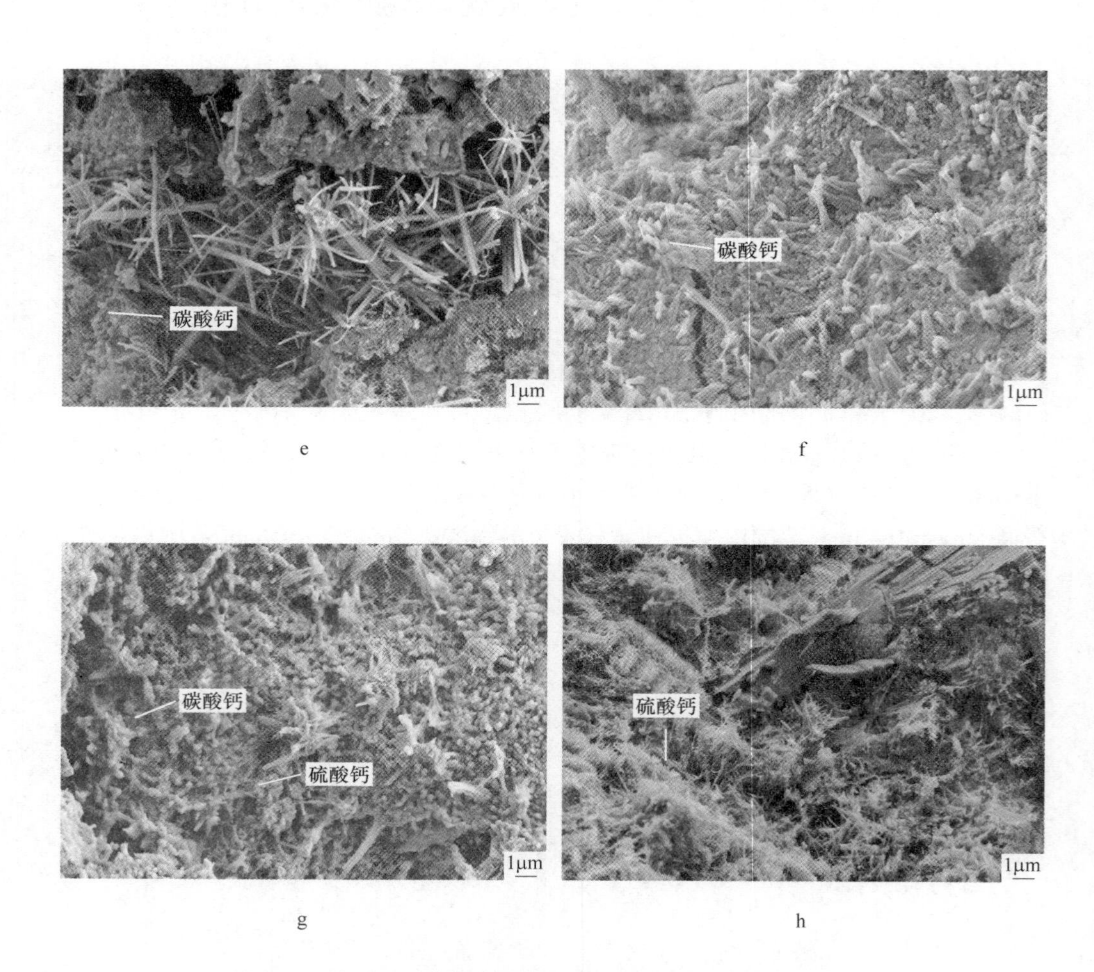

图 7-3　冻融—碳化作用后风积沙粉体混凝土电镜试验结果

a—C25-0 组普通混凝土（5000 倍）；b—C25-15 组风积沙粉体混凝土（5000 倍）；
c—C25-0-5 组普通混凝土（5000 倍）；d—C25-0-10 组普通混凝土（5000 倍）；
e—C25-0-15 组普通混凝土（5000 倍）；f—C25-15-5 组风积沙粉体混凝土（5000 倍）；
g—C25-15-10 组风积沙粉体混凝土（5000 倍）；h—C25-15-15 组风积沙粉体混凝土（5000 倍）

片状的碳酸钙结晶，以及六方板状的钾明矾（$2\theta \approx 24.6°$），10~15mm 范围内发现片状的碳酸钙结晶，间或有蛛丝状产物出现，结合 XRD 分析此产物为钙矾石（$2\theta \approx 9.3°$）[251,252]；碳化—冻融作用后风积沙粉体混凝土 0~5mm 范围内发现片叶状氢氧化钙（$2\theta \approx 36.6°$）、菱形的碳酸钙，5~10mm 范围内发现棱柱状碳酸钙结晶，10~15mm 范围内出现针棒状钙矾石。

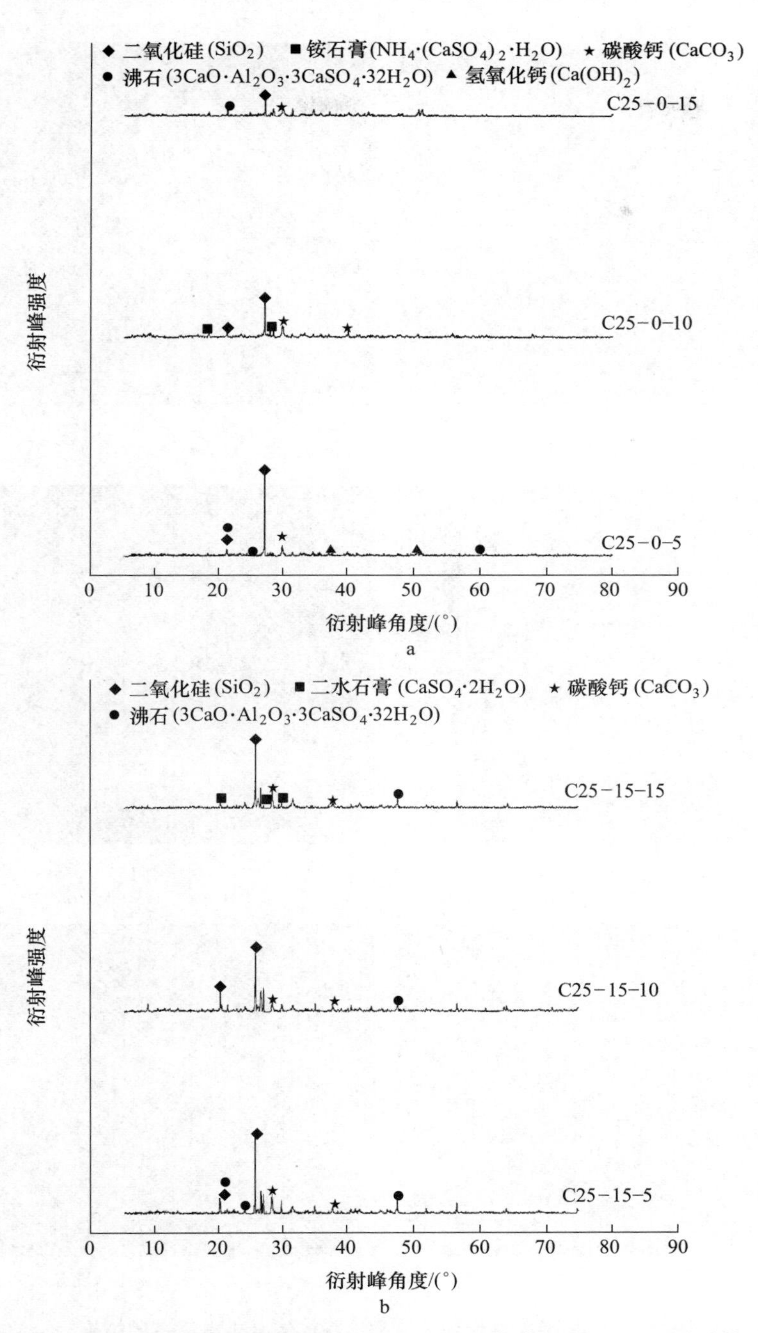

图 7-4　冻融—碳化作用后普通混凝土、风积沙粉体混凝土 XRD 试验结果

a—冻融—碳化作用后普通混凝土 XRD 试验结果；

b—冻融—碳化作用后风积沙粉体混凝土 XRD 试验结果

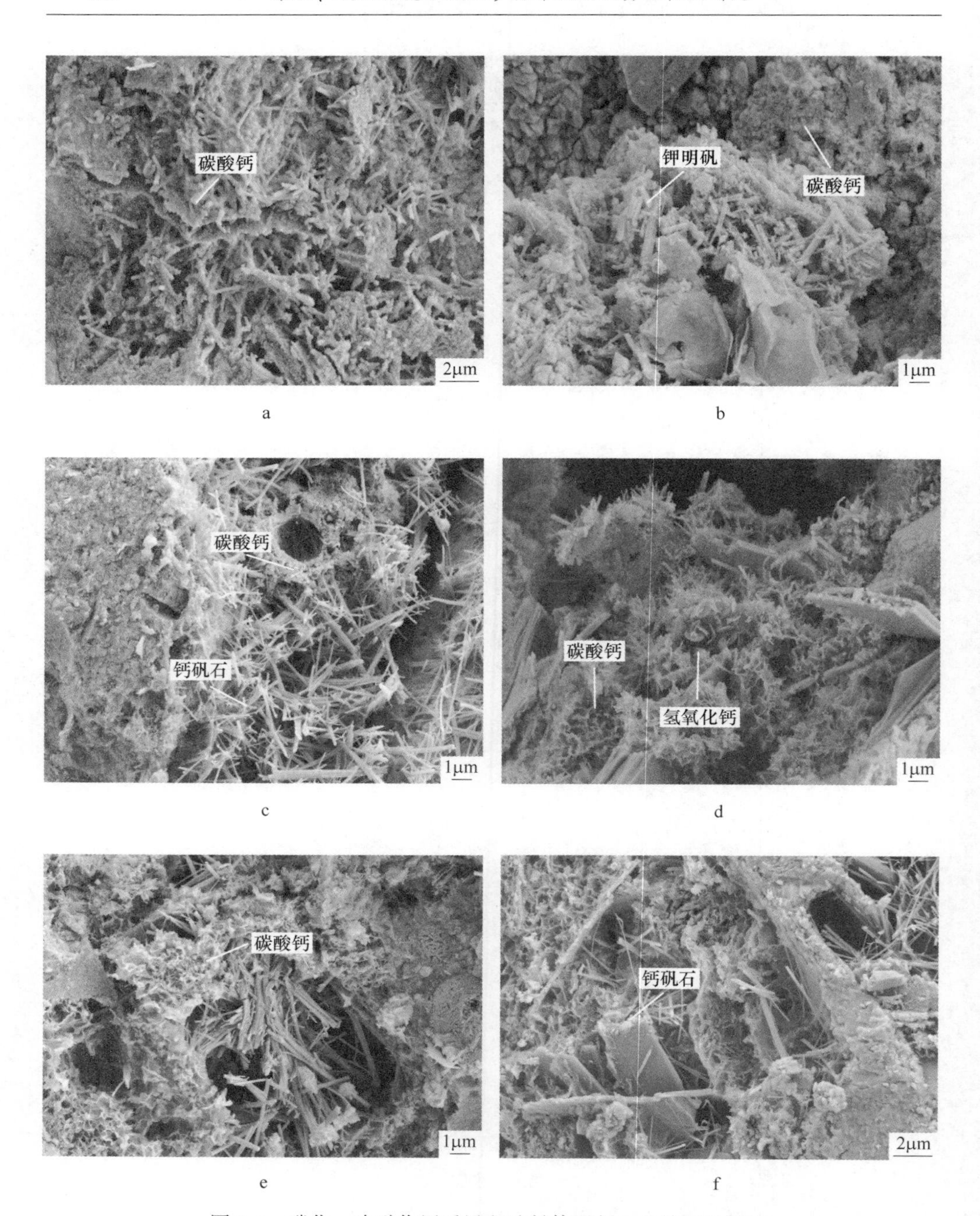

图 7-5 碳化—冻融作用后风积沙粉体混凝土电镜试验结果

a—C25-0-5 组普通混凝土（5000 倍）；b—C25-0-10 组普通混凝土（5000 倍）；
c—C25-0-15 组普通混凝土（5000 倍）；d—C25-15-5 组风积沙粉体混凝土（5000 倍）；
e—C25-15-10 组风积沙粉体混凝土（5000 倍）；f—C25-15-15 组风积沙粉体混凝土（5000 倍）

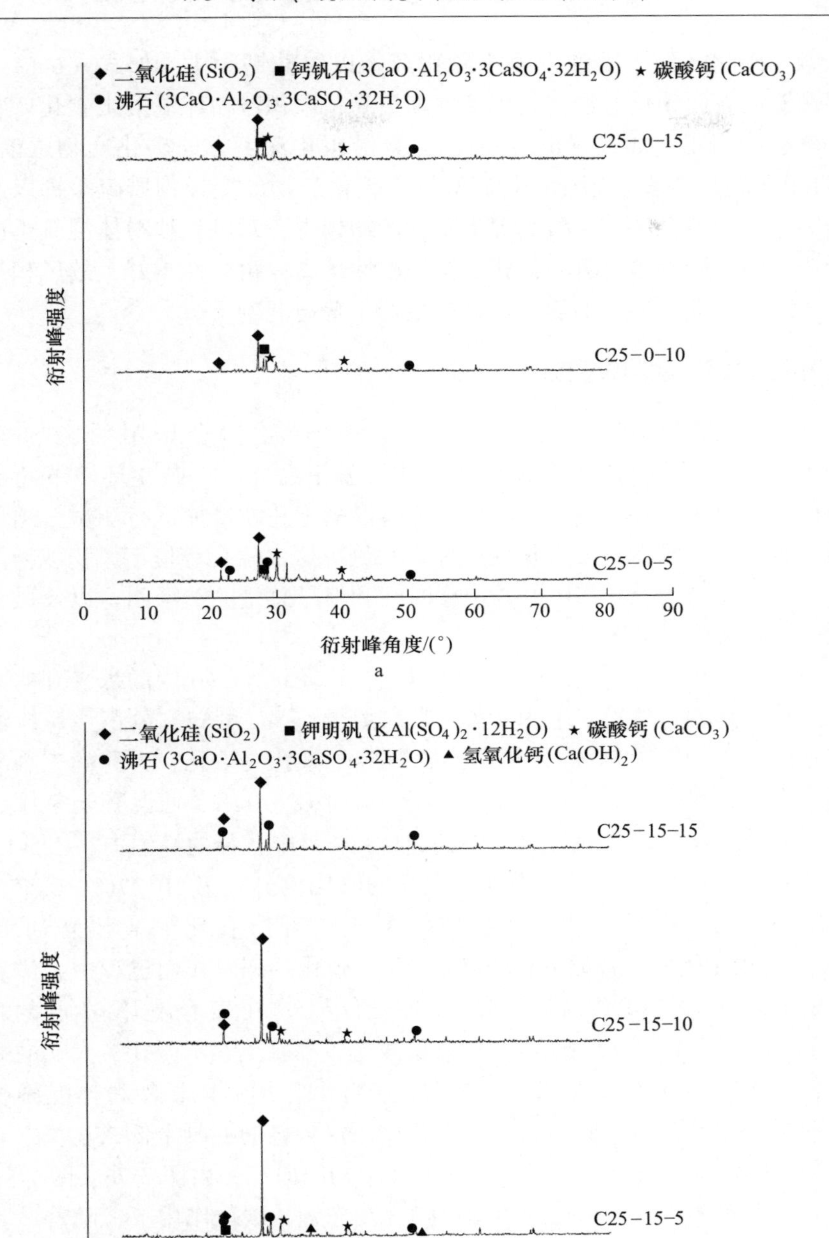

图 7-6 碳化—冻融作用后普通混凝土、风积沙粉体混凝土 XRD 试验结果

a—碳化—冻融作用后普通混凝土 XRD 试验结果；

b—碳化—冻融作用后风积沙粉体混凝土 XRD 试验结果

冻融、碳化环境下普通混凝土碳化产物以碳酸钙为主，如式（6-1）所示，且沿碳化深度方向碳化产物富集程度逐渐提高，风积沙粉体混凝土碳化产物以碳酸钙、硫酸钙为主，如式（6-2）所示，且沿碳化深度方向碳化产物逐渐减少，在10~15mm范围内发现碳化产物碳酸钙、碳化产物的变异物质硫酸钙以及未碳化部分钙矾石的混合区，碳酸钙等膨胀性产物越少，对风积沙粉体混凝土内部孔结构所造成的膨胀性压力越小，孔结构完整性越高，耐久性越好，故风积沙粉体混凝土在冻融、碳化环境下的劣化显著性低于普通混凝土。

7.3.2 核磁共振试验结果及分析

混凝土的孔结构对于混凝土抵抗冻融、碳化耦合作用的影响至关重要[253,254]，为了更直观地了解风积沙粉体混凝土在冻融、碳化环境下内部孔结构的变化，运用核磁共振技术对风积沙粉体混凝土孔隙特征进行测试，结果如图7-7、图7-8所示，根据核磁共振测试原理得到冻融、碳化环境下风积沙粉体混凝土试件孔隙半径与孔径分布图、T_2弛豫时间和信号总量的关系图，以及风积沙粉体混凝土孔隙特征参数图。

混凝土中，孔径越小，T_2弛豫时间越短，孔径越大，孔中的水受到的束缚程度越小，T_2弛豫时间越长。由图7-7a、b和图7-8a、b可知，风积沙粉体混凝土T_2图谱分布在0.01~10000ms范围之间，对应于微孔、中孔、大孔的三个峰。冻融—碳化作用过程中，最后一次碳化作用结束时C25-0组普通混凝土T_2图谱中表示微孔、大孔的峰比例分别为28.63%、71.37%，中孔径的峰消失，C25-15组风积沙粉体混凝土T_2图谱中表示微孔、大孔的峰比例分别为50.27%、0.45%，可知，冻融—碳化作用后，风积沙粉体混凝土内部微孔比例高出普通混凝土21.64%，大孔比例低于普通混凝土70.92%；碳化—冻融作用过程中，最后一次冻融作用结束时，C25-0组普通混凝土T_2图谱[255,256]中表示微孔、大孔的峰比例分别为29.49%、11.85%，C25-15组风积沙粉体混凝土表示微孔、大孔的峰比例分别为17.99%、9.18%，可知，虽然碳化—冻融作用后风积沙粉体混凝土微孔所占比例低于普通混凝土11.5%，但大孔比例仅较普通混凝土低2.67%。

根据吴中伟院士等[213]对混凝土内部孔结构的研究，由图7-7c、图7-8c风积沙粉体混凝土无害孔、多害孔分布图可知，在冻融—碳化作用下，随着试验流程的进行，C25-15、C25-0组混凝土内部无害孔呈现先增加后降低的变化规律，多害孔呈现先降低后增加的变化规律，最后一次碳化作用结束时，C25-15组风积沙粉体混凝土内部无害孔、多害孔的比例分别为22.06%、44.53%，C25-0组普通混凝土内部无害孔、多害孔的比例分别为6.71%、66.78%，风积沙粉体混凝土内部无害孔高出普通混凝土15.35%，多害孔低于普通混凝土22.25%；在碳化—冻融作用下，C25-0组普通混凝土、C25-15组风积沙粉体混凝内部无害孔均呈现

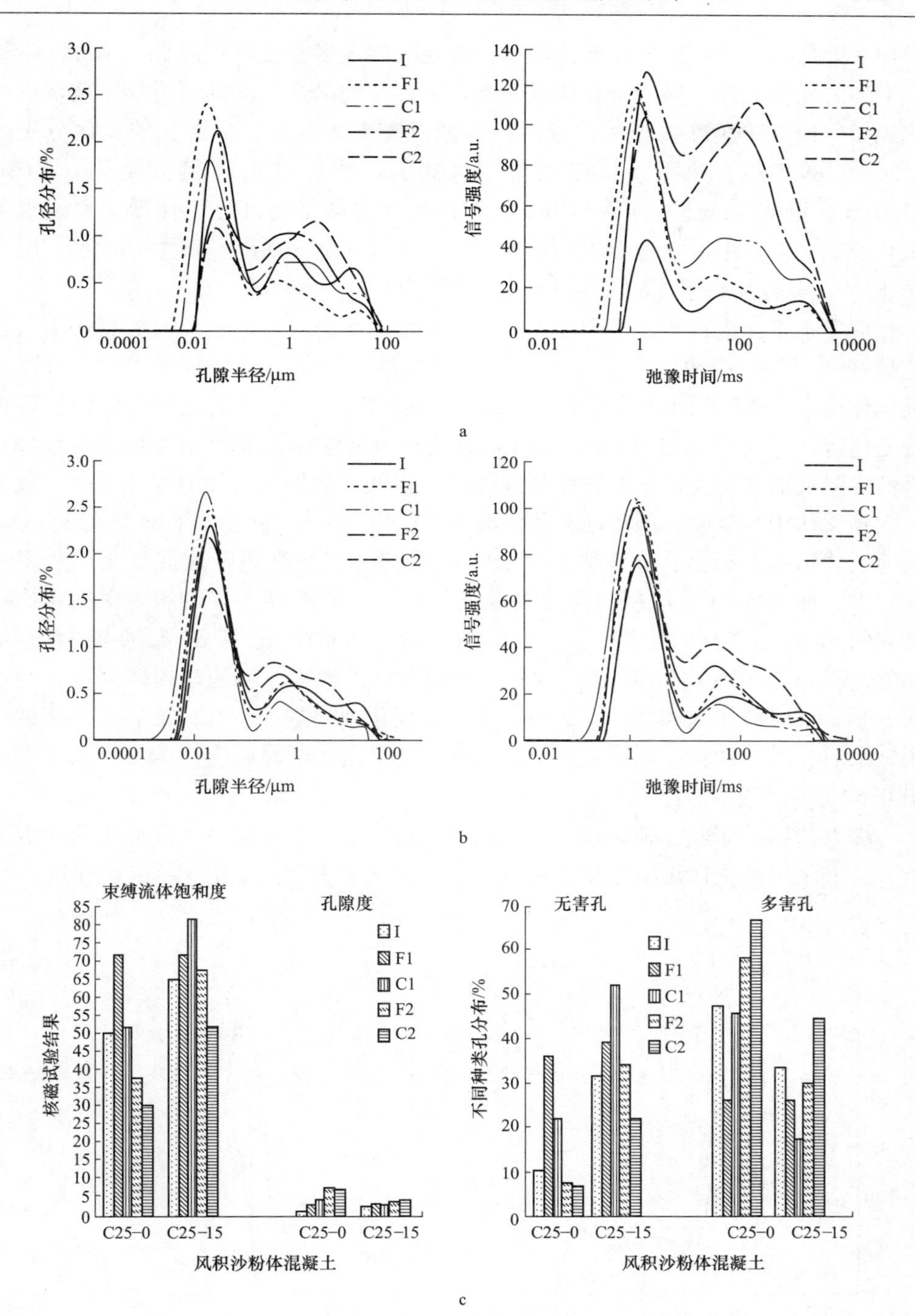

图 7-7 冻融—碳化作用下风积沙粉体混凝土核磁共振分析

a—C25-0 组普通混凝土；b—C25-15 风积沙粉体混凝土；c—风积沙粉体混凝土孔径分布

增加—降低—增加—降低的变化规律，普通混凝土多害孔呈现降低—增加—降低—增加的变化规律，风积沙粉体混凝土多害孔呈现降低—增加—增加—增加的变化规律，最后一次冻融作用结束时，普通混凝土无害孔、多害孔的比例分别为5.26%、89.53%，风积沙粉体混凝土无害孔、多害孔的比例分别为5.21%、67.03%，可知，碳化—冻融作用下风积沙粉体混凝土内部无害孔低于普通混凝土0.5%，多害孔低于普通混凝土22.5%，且无害孔低于冻融—碳化作用下16.85%，多害孔高于冻融—碳化作用下22.5%。

混凝土中，束缚流体饱和度越高，孔隙度越小，渗透率越低，混凝土耐久性能越好[257,258]。由图7-7c、图7-8c风积沙粉体混凝土孔隙特征图可知，冻融—碳化作用下，C25-0组普通混凝土束缚流体饱和度、孔隙度均呈现先增加后降低的变化规律，而C25-15组风积沙粉体混凝土束缚流体饱和度呈现增加—增加—降低—降低的变化规律，孔隙度呈现增加—降低—增加—增加的变化规律。最后一次碳化作用结束时，风积沙粉体混凝土孔隙度[259~263]低于普通混凝土3.13%，束缚流体饱和度高出普通混凝土21.86%。同时，C25-0组普通混凝土渗透率逐渐增大，而C25-15组风积沙粉体混凝土呈现一定的波动，且最后一次碳化作用结束时风积沙粉体混凝土渗透率为374.645mD，远低于普通混凝土的18689.97mD，相差将近50倍。碳化—冻融作用过程中，风积沙粉体混凝土与普通混凝土束缚流体饱和度、渗透率、孔隙度变化规律基本一致，最后一次冻融作用结束后，风积沙粉体混凝土束缚流体饱和度高出普通混凝土0.34%，孔隙度高出0.63%，渗透率高出1.5%。

综上所述，冻融、碳化过程中，风积沙粉体混凝土劣化显著性低于普通混凝土，且冻融—碳化作用下风积沙粉体混凝土劣化显著性低于碳化—冻融作用。

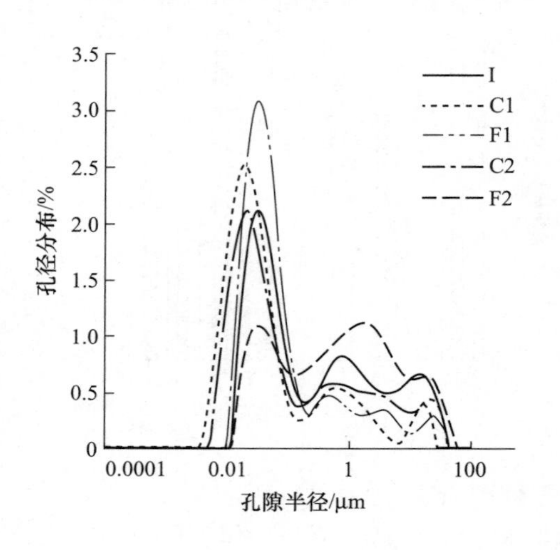

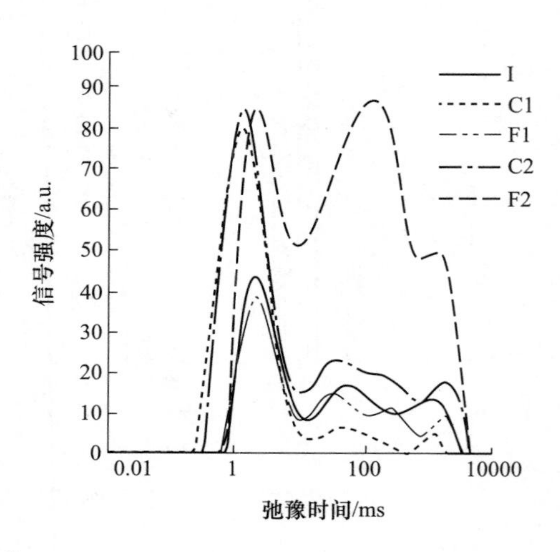

a

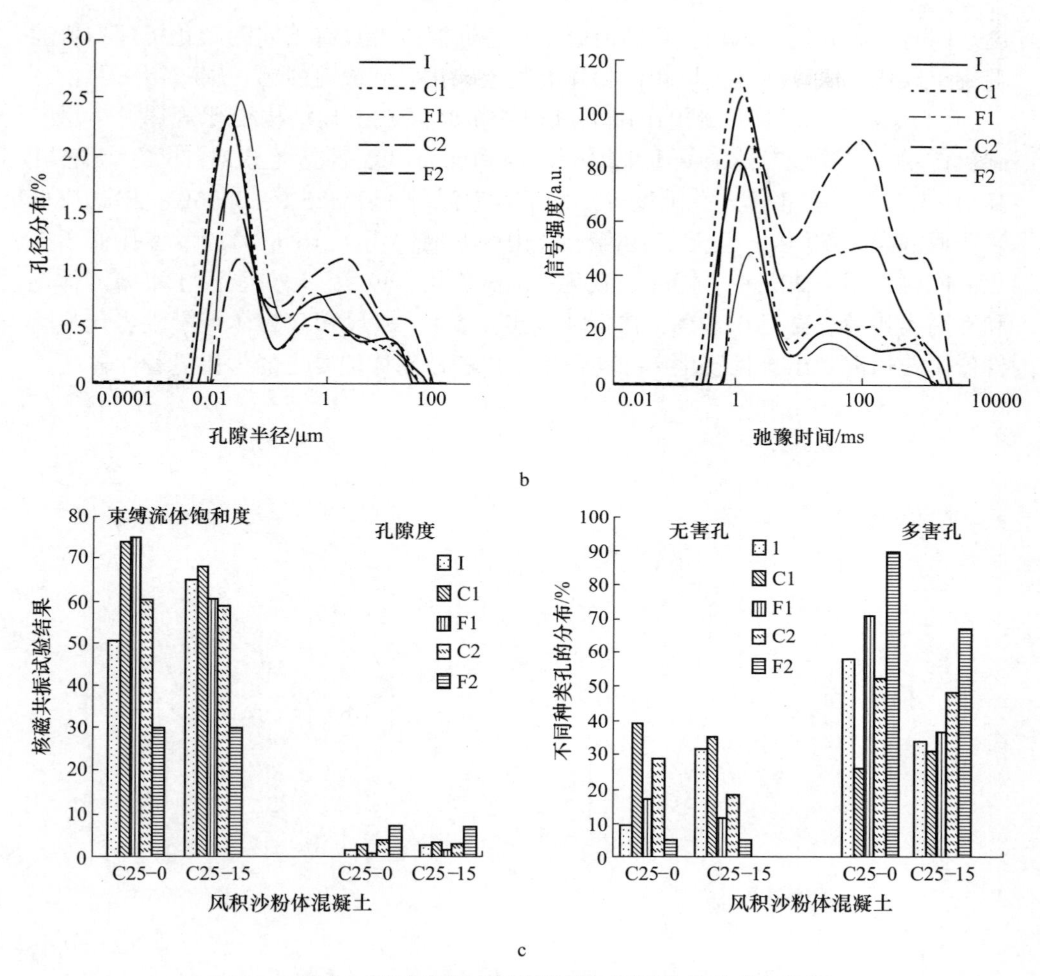

图 7-8 碳化—冻融作用下风积沙粉体混凝土核磁共振分析

a—C25-0 组普通混凝土；b—C25-15 风积沙粉体混凝土；c—风积沙粉体混凝土孔径分布

7.4 本 章 小 结

（1）冻融、碳化作用下，风积沙粉体混凝土相对动弹性模量下降幅度低于普通混凝土，且冻融—碳化与碳化—冻融耦合作用相比，冻融—碳化作用下风积沙粉体混凝土相对动弹性模量高于碳化—冻融作用下 1.5 倍，冻融—碳化作用下风积沙粉体混凝土碳化深度低于碳化—冻融作用下 5.0%。

（2）冻融作用产生冻胀应力，破坏风积沙粉体混凝土内部孔结构，使孔隙发育，增大孔隙度，碳化作用形成碳酸钙，细化孔隙结构，一定程度降低孔隙度。同时，研究发现风积沙粉体混凝土与普通混凝土具有不同的碳化机理，普通混凝土碳化生成碳酸钙，风积沙粉体混凝土碳化后生成硫酸钙、碳酸钙。

（3）揭示了冻融、碳化作用下风积沙粉体混凝土孔结构变化规律，冻融—碳化作用下风积沙粉体混凝土束缚流体饱和度高出普通混凝土 21.86%，无害孔高出 15.35%，多害孔、孔隙度分别低于普通混凝土 22.25%、3.06%，渗透率低于普通混凝土 50 倍，且无害孔高于碳化—冻融作用下 16.85%，多害孔低于碳化—冻融作用下 22.5%，同时，碳化—冻融作用下风积沙粉体混凝土束缚流体饱和度高出普通混凝土 0.34%，渗透率高出 1.5%，故风积沙粉体混凝土劣化显著性低于普通混凝土，且碳化—冻融作用下风积沙粉体混凝土的劣化显著性较高。

8 复杂环境下风积沙粉体混凝土孔隙特征研究

在冻融、盐浸、干湿、风沙冲蚀、碳化等单因素以及冻融—盐浸、冻融—干湿、风沙冲蚀—碳化、冻融—碳化等双因素耦合作用下，风积沙粉体混凝土表现出与普通混凝土截然不同的劣化损伤过程及规律，鉴于此，作者从各耦合工况下风积沙粉体混凝土微观孔隙演变及微观力学特性不同的角度出发，结合相对动弹性模量等宏观指标的变化规律，定性地比较分析各耦合工况下风积沙粉体混凝土的孔径分布、孔隙参数、微观力学特性与相对动弹性模量的关联性，进而深入剖析风积沙粉体混凝土与普通混凝土劣化机制的差异性。

8.1 灰色关联分析概述

对于两个系统之间的因素，其随时间或对象而变化的关联性大小的量度，称为关联度，灰色关联分析方法，是根据因素之间发展趋势的相似或相异程度，亦即“灰色关联度”，可作为衡量因素间关联程度的一种方法[264]。对于混凝土而言，宏观性能与微观特性之间相辅相成，为了探讨风积沙粉体混凝土相对动弹性模量与孔隙特征之间的内在联系，本章引入了灰色关联分析这一方法，以各耦合工况作用下普通混凝土与风积沙粉体混凝土的孔径分布、孔隙参数、微观力学特性及相对动弹性模量变化为基础，探讨其劣化显著性及关联性。

8.2 风积沙粉体混凝土孔隙演变规律研究

结合已有实测结果可知，耦合工况作用下风积沙粉体混凝土的劣化显著性高于单一因素作用时，且相对动弹性模量较质量损失率能更好地反映混凝土的劣化进程，故以相对动弹性模量为主序列，以不同孔径的孔隙的占比、孔隙参数、微观力学参数为参考序列，进行无量纲化处理，而后取分辨系数为0.5[265]，计算相应的关联度并进行分析，并将相关统计数据呈现在表8-1~表8-3。

由表8-1可知，相对于初始值，普通混凝土在耦合工况作用下四种类型的孔隙所占的比例随耦合工况的不同而发生变化，其中无害孔（<20nm）的比例总体是呈减少趋势的，减少最多的为碳化—冻融耦合工况作用下，达到5.0%，但在

冻融—盐浸以及冻融—干湿耦合作用下，无害孔的比例分别增加了 12.2%、7.42%；多害孔（>200nm）的比例总体是呈增加趋势的，增加最多的为碳化—冻融耦合工况作用下，达到 19.67%，但在冻融—盐浸耦合工况作用下减少了 11.97%；而少害孔（20~50nm）和有害孔（50~200nm）的变化则总体较为平稳，仅少害孔在碳化、冻融耦合作用下有大幅度下降，达到 13.45%，有害孔在冻融—盐浸、风沙冲蚀—碳化耦合工况作用下略有增加。

表 8-1　普通混凝土（C25-0）孔隙及相对动弹性模量变化　　　（%）

耦合工况	无害孔（<20nm）的比例	少害孔（20~50nm）的比例	有害孔（50~200nm）的比例	多害孔（>200nm）的比例	孔隙度	束缚流体饱和度	相对动弹性模量
初始状态（I）	10.26	25.87	16.41	47.46	1.653	50.647	100.0
冻融—盐浸（F-S）	22.46	25.08	16.97	35.49	2.446	62.845	80.5
冻融—干湿（F-D）	17.68	17.25	10.77	54.3	7.712	44.391	41.1
干湿—冻融（D-F）	8.34	18.48	13.05	60.13	6.081	38.578	105.9
风沙冲蚀—碳化（E-C）	6.08	23.93	20.32	49.67	1.518	48.117	75.0
冻融—碳化（F-C）	6.71	12.42	14.09	66.78	7.736	30.447	86.9
碳化—冻融（C-F）	5.26	12.63	14.98	67.13	7.021	30.004	56.2

表 8-2　风积沙粉体混凝土（C25-15）孔隙及相对动弹性模量变化　　　（%）

耦合工况	无害孔（<20nm）的比例	少害孔（20~50nm）的比例	有害孔（50~200nm）的比例	多害孔（>200nm）的比例	孔隙度	束缚流体饱和度	相对动弹性模量
初始状态（I）	31.63	24.44	10.4	33.53	3.063	65.033	100.0
冻融—盐浸（F-S）	28.17	27.34	16.55	27.94	1.591	70.296	84.3
冻融—干湿（F-D）	12.19	17.85	13.56	56.4	6.489	41.637	45.2
干湿—冻融（D-F）	28.26	18.22	9.32	44.2	6.107	54.801	92.0
风沙冲蚀—碳化（E-C）	31.23	23.77	10.65	34.35	2.596	64.544	81.2
冻融—碳化（F-C）	22.06	17.29	16.12	44.53	4.607	52.303	91.4
碳化—冻融（C-F）	5.21	12.58	15.18	67.03	7.065	30.107	59.6

由表 8-2 可知，相对于初始值，风积沙粉体混凝土内少害孔和有害孔随耦合工况的不同而表现出多变的性质，少害孔在冻融—盐浸耦合工况作用下增加了 2.9%，其他工况作用时则呈现不同程度的减少，碳化—冻融耦合工况作用时减少了 11.86%，有害孔则在不同工况作用时呈现不同程度的增加，冻融—盐浸耦合工况作用时增加了 6.15%，仅在干湿—冻融耦合工况作用时略微减少了

1.08%；无害孔与多害孔的变化幅度较大，且表现出一定的反相关性，即无害孔大幅度下降时，多害孔大幅度上升，如碳化—冻融耦合作用下无害孔减少了26.42%，多害孔增加了33.5%。

表 8-3 风积沙粉体混凝土纳米压痕试验结果

耦合工况	组别			
	C25-0		C25-15	
	平均弹性模量/GPa	平均硬度/GPa	平均弹性模量/GPa	平均硬度/GPa
初始状态	29.8	1.48	32.3	2.93
冻融—盐浸	25.5	1.38	38.4	2.95
冻融—干湿	22.6	1.15	35.7	2.77
干湿—冻融	19.4	0.96	37.6	2.91
风沙冲蚀—碳化	18.7	1.03	33.2	2.65
冻融—碳化	19.2	1.12	34.6	2.59
碳化—冻融	16.8	0.83	30.5	2.46

由表 8-3 可知，初始状态下风积沙粉体混凝土平均弹性模量及平均硬度均高于普通混凝土，这也进一步说明虽然初始状态下风积沙粉体混凝土孔隙度高于普通混凝土，但高出部分主要集中于无害孔范围内，同时，各耦合工况作用下，普通混凝土由纳米压痕试验测得的平均弹性模量及平均硬度均有所降低，碳化—冻融耦合工况作用下下降幅度最高，两者相较于初始值分别减少了 43.6%、43.9%，而对于风积沙粉体混凝土，在各耦合工况作用后平均弹性模量及平均硬度较初始状态大部分是略有提高，提高幅度最高的为冻融—盐浸耦合工况作用时，仅在碳化—冻融耦合工况作用下略有下降，下降幅度分别为 5.6%、16.1%，远低于普通混凝土的下降幅度，这表明在各耦合工况作用后，风积沙粉体混凝土表面的抗侵蚀性能基本完好，且在硫酸盐及碳化产物的影响下，孔隙得到进一步发育，表面的抗侵蚀性能得到提高，而对于普通混凝土，表面的抗侵蚀性能在各耦合工况的作用下出现不同程度的下降，孔隙得到不同程度的破坏，这与核磁共振测试结果相一致。

同时，由表 8-1～表 8-3 可知，各耦合工况作用后，普通混凝土与风积沙粉体混凝土束缚流体饱和度整体呈减少趋势，仅在冻融—盐浸耦合工况下分别增加12.198%、5.263%，此外，普通混凝土的孔隙度都是增加的，且冻融—碳化作用下孔隙度增加的幅度较高，达到 6.083%，接近初始值的 3.7 倍，表面的抗侵蚀性能下降，风积沙粉体混凝土孔隙度则随耦合工况的不同而略有变化，表面的抗侵蚀性能也略有波动，在冻融—盐浸、风沙冲蚀—碳化耦合工况作用时孔隙度下降，且冻融—盐浸耦合工况下降低幅度接近一倍，其他耦合工况作用时孔隙度增加，增加幅度最多的碳化—冻融耦合工况作用时达到两倍，变化幅度远小于普通混凝土，表面的抗侵蚀性能也略有提高，仅在碳化—冻融耦合工况作用下略有下降。

综上所述，在不同耦合工况作用下，风积沙粉体混凝土与普通混凝土内部不同孔径的孔隙对不同环境介质的敏感性差异较大，且孔隙度、束缚流体饱和度等孔隙参数以及微观力学参数也随耦合工况的不同而表现出较大的差异性，这对于定性分析风积沙粉体混凝土的劣化显著性是不利的，此外，相对于初始值，各耦合工况作用下风积沙粉体混凝土与普通混凝土相对动弹性模量均因耦合工况的影响而呈现不同程度变化，这与两者内部孔隙的变化表现出一定的关联性，为了定性分析孔径分布、孔隙参数、微观力学参数与相对动弹性模量之间的联系，作者引入灰色关联度的概念，以探讨不同耦合工况下孔径及孔隙参数的变化与相对动弹性模量之间的潜在联系，具体计算结果如表 8-4、表 8-5 所示。

表 8-4 普通混凝土（C25-0）灰色关联度变化

耦合工况	无害孔（<20nm）的比例	少害孔（20~50nm）的比例	有害孔（50~200nm）的比例	多害孔（>200nm）的比例	平均弹性模量	平均硬度	孔隙度	束缚流体饱和度
冻融—盐浸	0.706	0.889	0.901	0.926	0.958	0.994	0.968	0.607
冻融—干湿	0.564	0.725	0.812	0.333	0.627	0.970	0.729	0.586
干湿—冻融	0.947	0.834	0.912	0.820	0.787	0.987	0.765	0.372
风沙冲蚀—碳化	0.952	0.875	0.799	0.693	0.897	0.997	0.919	0.604
冻融—碳化	0.943	0.785	0.995	0.590	0.846	0.996	0.860	0.593
碳化—冻融	0.979	0.926	0.805	0.370	0.998	1.000	0.922	0.698

表 8-5 风积沙粉体混凝土（C25-15）灰色关联度变化

耦合工况	无害孔（<20nm）的比例	少害孔（20~50nm）的比例	有害孔（50~200nm）的比例	多害孔（>200nm）的比例	平均弹性模量	平均硬度	孔隙度	束缚流体饱和度
冻融—盐浸	0.962	0.851	0.832	0.992	0.775	0.988	0.975	0.713
冻融—干湿	0.907	0.752	0.699	0.333	0.494	0.934	0.785	0.839
干湿—冻融	0.980	0.908	0.994	0.759	0.842	0.995	0.855	0.583
风沙冲蚀—碳化	0.872	0.906	0.945	0.841	0.844	0.993	0.930	0.699
冻融—碳化	0.859	0.892	0.863	0.750	0.891	0.998	0.961	0.675
碳化—冻融	0.666	0.932	0.752	0.366	0.707	0.974	0.870	0.872

由表 8-4、表 8-5 可知，不同耦合工况作用时，四种类型的孔隙的关联度各不相同，且不同耦合工况下不同类型的孔隙的关联度也不同，风积沙粉体混凝土与普通混凝土表现出一定的差异性，普通混凝土在干湿—冻融、风沙冲蚀—碳化、碳化—冻融耦合工况下无害孔的影响较大，在冻融—干湿、冻融—碳化耦合工况下有害孔的影响较大，风积沙粉体混凝土在干湿—冻融、风沙冲蚀—碳化耦合工况下有害孔的影响较大，在冻融—碳化、碳化—冻融耦合工况下少害孔的影响较大，在冻融—干湿耦合工况下无害孔的影响较大，在冻融—盐浸耦合工况作用下多害孔的影响较大，总体而言，普通混凝土在不同耦合工况作用时的四种类型的孔隙对相对动弹性模量的影响为无害孔>有害孔>多害孔>少害孔，即无害孔对普通混凝土的影响较大，少害孔的影响较小，而风积沙粉体混凝土则由于不同耦合工况的作用机制及劣化损伤机制的差异而表现出不同的关联性，即少害孔=有害孔>多害孔=无害孔。

同时，在微观力学特性及孔隙参数对相对动弹性模量的影响上，风积沙粉体混凝土与普通混凝土表现出一定的一致性，在本研究所涉及的六种耦合工况下，两者微观力学特性中的平均硬度对其相对动弹性模量的影响均较大，且风积沙粉体混凝土除在冻融—干湿、碳化—冻融耦合作用下孔隙度影响略小于束缚流体饱和度外，其余四种耦合工况下孔隙度对其的影响均较大，这与普通混凝土在六种耦合工况下的结果相一致。

8.3 本 章 小 结

风积沙粉体混凝土与普通混凝土在不同的耦合工况作用下的劣化损伤机制既表现出一定的一致性，又表现出一定的差异性，微观力学特性中的硬度及孔隙参数中的孔隙度对于两者的劣化损伤过程的影响均较大，束缚流体饱和度的影响较小，但不同孔径的孔隙对于两者的影响各不相同，20nm 以下的无害孔对普通混凝土的影响较大，对风积沙粉体混凝土的影响较小，20～50nm 之间的少害孔对风积沙粉体混凝土的影响较大，对普通混凝土的影响较小。

9 风积沙粉体混凝土服役寿命预测模型

作者依据“碱激发”理论，对风积沙粉体进行改性，研发出风积沙粉体混凝土，并对其在冻融、盐浸、干湿、风沙冲蚀、碳化等单一或耦合工况下的劣化过程及损伤机理进行了全面的分析及探讨，已然对风积沙粉体混凝土损伤劣化特征有了系统性的认知，发现风积沙粉体混凝土具有较好的耐久性能。故在综合考虑严峻的“短命建筑”事实、客观的“高耐久性”需求、现有科研成果的基础之上，作者辩证统一地对现有的关于混凝土服役寿命预测的碳化、氯离子侵蚀、损伤、硫酸盐侵蚀模型进行了比较分析（见 1.2.4.5 节），并考虑到室内试验在数据采集及室内外试验环境差异的基础之上，借助灰色系统理论在处理信息不完全、信息未知的小数据、贫信息不确定性系统方面的优势，作者可以对风积沙粉体混凝土服役寿命进行预测，建立基于复杂工况下的风积沙粉体混凝土服役寿命预测模型。

9.1 基于碳化的风积沙粉体混凝土服役寿命灰色预测模型

9.1.1 灰色系统理论

概率统计、模糊数学、粗糙集理论和灰色系统理论[266]是四种常用的不确定性系统研究方法，研究对象的不确定性是它们的共同特征。同时，研究对象在不确定性上的区别，派生出四种各具特色的不确定性学科，概率统计侧重于考察“随机不确定”现象的历史统计规律，模糊数学着重研究“认知不确定”问题，粗糙集理论则是利用已知的知识库，近似刻画和处理不精确或不确定的知识，而对于灰色系统理论，它着重研究概率统计、模糊数学所难以解决的“少数据”“贫信息”不确定性问题，依靠少数据建模，进而探讨研究对象的现实规律。

人们经常把信息未知的对象称为黑箱，相应地延伸出黑色系统，信息完全明确的对象称为“白”，相应地延伸出白色系统，则介于两者之间的，部分信息已知、部分信息未知的则称为“灰”，相应地延伸出灰色系统。20 世纪 80 年代初期，华中理工大学邓聚龙教授[267,268]创立了灰色系统理论，该理论主要包括灰数运算与灰色代数系统、系列灰色预测模型和灰色系统预测方法和技术，以及以多方法融合创新为特色的灰色组合模型等，并遵循差异信息、最少信息、认知根据、新信息优先、灰性不灭等基本原理，以“部分信息已知，部分信息未知”的“少数据”“贫信息”不确定性系统为研究对象，通过对部分已知信息的生成、开发，以提取有价值的信息，实现对系统运行行为、演化规律的正确描述，进而实现对其未来变化的定量预测。

灰色系统理论的模型较多，GM 系列模型是其基本模型，尤其是邓聚龙教授提出的均值 GM(1，1) 模型更是得到广泛应用。国内外众多学者在 GM(1，1) 模型的基础之上进行相关研究，现有研究主要集中在累加生成方法研究、初始值优化、背景值优化、模型参数估计方法、GM(1，1) 模型的性质研究等[269~271]六个方面，如杨保华等[272]提出倒数累加生成的定义，并给出其灰色 GRM(1，1) 模型及其在药物动力学中的应用，为建立灰色模型提供了新的生成方法；钱吴永等[273]根据灰色系统理论中的新信息优先原理提出了加权累加生成的概念，并对加权累加生成在单调性、灰指数规律、凸性等方面的性质进行了研究，得到加权累加生成序列具有单调递增性，具有较强的指数规律，并具有下凸性；党耀国等[274]以 $x^{(1)}(n)$ 作为灰色模型初始条件，姚天祥等[275]以拟合误差平方和最小为目标函数，求得最优初始点，周世健等[276]引入背景值最佳生成系数，得到新的背景值计算式，从而将 GM(1，1) 预测模型扩展为加权灰色预测模型——PGM(1，1) 预测模型；Yi-Shian Lee[277]设误差绝对值最小为目标函数，采用遗传算法优化模型参数，丁松、党耀国等[278]根据矩阵理论推导非等间距 GM(1，1) 模型参数的矩阵形式，研究了压缩变换和初始点变化下非等间距 GM(1，1) 模型参数性质及其对模型精度的影响，提出了全信息初始条件优化的非等间距 GM(1，1) 模型，郭金海等[279]运用向量的数乘和旋转变换研究离散 GM(1，1) 模型的病态性问题，发现离散 GM(1，1) 模型的病态性产生的原因与累加向量和全 1 向量的长度比值和夹角有关等。

此外，在现实需要的推动下，众多学者也相继开展了灰色模型的应用研究，如杨雪晴等[280]基于灰色系统理论，对烧成高铝砖内部孔结构与其抗折和抗压强度的相关性进行了研究，发现材料的抗折强度与材料内部的小孔比例以及孔的复杂程度关联系数较大，而材料的抗压强度与材料内部大孔所占比例的关联系数更大；苏金玲等[281]采用灰色预测方法建立灰色预测模型进行高速公路价值的预测，并通过残差检验以验证模型的精准度；宋云飞等[282]借助灰色系统理论研究了不同 NaCl 含量以及不同烧成温度下材料的气孔特性参数变化与导热系数值变化的关联性大小；薛克敏等[283]基于灰色系统理论，计算目标函数的关联系数和关联度，将多目标函数通过关联度值转换为单目标函数的问题，并通过灰色系统理论对成形工艺参数进行优化，获得了优化工艺参数组合。

下面简要介绍几种 GM 模型[270]，具体如下：

(1) GM(1, 1) 模型。

设序列$X^{(0)}=(x^{(0)}(1), x^{(0)}(2), \cdots, x^{(0)}(n))$，其中$x^{(0)}(k)\geqslant 0$，$k=1, 2, \cdots, n$；$X^{(1)}$ 为 $X^{(0)}$ 的 $1-AGO$ 序列：

$X^{(1)}=(x^{(1)}(1), x^{(1)}(2), \cdots, x^{(1)}(n))$

其中，$x^{(1)}(k)=\sum_{i=1}^{k}x^{(0)}(i)$，$k=1, 2, \cdots, n$，称 $x^{(0)}(k)+ax^{(1)}(k)=b$ 为 GM (1, 1) 模型的原始形式。

(2) 残差 GM(1, 1) 模型。

当采用 GM(1, 1) 模型的各种形式进行模拟，但精度均达不到要求时，可以考虑对残差序列建立 GM(1, 1) 模型，对原有模型进行修正，以提高模拟精度。

设 $\varepsilon^{(0)}=(\varepsilon^{(0)}(1), \varepsilon^{(0)}(2), \cdots, \varepsilon^{(0)}(n))$，其中 $\varepsilon^{(0)}(k)=x^{(1)}(k)-\hat{x}^{(1)}(k)$ 为 $X^{(1)}$ 的残差序列。

若存在k_0，满足 $\forall k\geqslant k_0$，$n-k_0\geqslant 4$，则称$(|\varepsilon^{(0)}(k_0)|, |\varepsilon^{(0)}(k_0+1)|, \cdots, |\varepsilon^{(0)}(n)|)$ 为可建模残差微端，仍记为

$$\varepsilon^{(0)}=(\varepsilon^{(0)}(k_0), \varepsilon^{(0)}(k_0+1), \cdots, \varepsilon^{(0)}(n))$$

若用 $\hat{\varepsilon}^{(0)}$ 对 $\hat{X}^{(1)}$ 进行修正，则称修正后的时间响应式：

$$\hat{x}^{(1)}(k+1)=\begin{cases}(x^{(0)}(1)-\dfrac{b}{a})\mathrm{e}^{-ak}+\dfrac{b}{a} & 当\ k<k_0\\ (x^{(0)}(1)-\dfrac{b}{a})\mathrm{e}^{-ak}+\dfrac{b}{a}\pm a_\varepsilon(\varepsilon^{(0)}(k_0)-\dfrac{b_\varepsilon}{a_\varepsilon})\mathrm{e}^{-a\varepsilon(k-k_0)} & 当\ k\geqslant k_0\end{cases}$$

为残差修正 GM(1, 1) 模型，简称残差 GM(1, 1) 模型，其中残差修正值

$$\hat{\varepsilon}^{(0)}(k+1)=a_\varepsilon\times\varepsilon^{(0)}(k_0-\frac{b_\varepsilon}{a_\varepsilon})\exp[-a_\varepsilon(k-k_0)]$$

的符号应与残差尾段 $\varepsilon^{(0)}$ 的符号保持一致。

(3) GM(1, 1) 模型群。

设原始数据序列 $X^{(0)}=(x^{(0)}(1), x^{(0)}(2), \cdots, x^{(0)}(n))$。

1) 用$X^{(0)}=(x^{(0)}(1), x^{(0)}(2), \cdots, x^{(0)}(n))$建立的GM(1, 1)模型称为全数据 GM(1, 1)；

2) $\forall k_0>1$，用 $X^{(0)}=(x^{(0)}(k_0), x^{(0)}(k_0+1), \cdots, x^{(0)}(n))$ 建立的 GM(1, 1) 模型称为部分数据 GM(1, 1)；

3) 设 $x^{(0)}(n+1)$ 为最新信息，将 $x^{(0)}(n+1)$ 置入 $X^{(0)}$，称用

$$X^{(0)}=(x^{(0)}(1), x^{(0)}(2), \cdots, x^{(0)}(n), x^{(0)}(n+1))$$

建立的模型为新信息 GM(1, 1);

4) 置入新信息 $x^{(0)}(n+1)$，去掉最老信息 $x^{(0)}(1)$，称用 $X^{(0)}=(x^{(0)}(2),\cdots,x^{(0)}(n),x^{(0)}(n+1))$ 建立的模型为新陈代谢 GM(1, 1)。

(4) 灰色 Verhulst 模型。

设 $X^{(0)}$ 为原始序列，$X^{(1)}$ 为 $X^{(0)}$ 的 1-AGO 序列，$Z^{(1)}$ 均值 GM(1, 1) 模型的时间响应式为 $X^{(1)}$ 的紧邻均值生成序列，则称 $x^{(0)}(k)+az^{(1)}(k)=b[z^{(1)}(k)]^{\alpha}$ 为 GM(1, 1) 幂模型，称 $\frac{\mathrm{d}x^{(1)}}{\mathrm{d}t}+ax^{(1)}=b[x^{(1)}]^{\alpha}$ 为 GM(1, 1) 幂模型的白化方程；当 $\alpha=2$ 时，称 $x^{(0)}(k)+az^{(1)}(k)=b[z^{(1)}(k)]^{2}$ 为灰色 Verhulst 模型。

此外，还有非等间距 GM(1, 1) 模型、GM(2, 1) 模型、分阶数 GM 模型、灰色关联分析模型、灰色聚类评估模型、灰色组合模型等。

9.1.2 基于常规碳化方程的混凝土服役寿命预测模型

由 1.2.4.5 节关于混凝土碳化服役寿命的预测模型综述中可知，阿列克谢耶夫、Papadakis 等[124~131]的混凝土碳化深度预测模型均是从经验与理论两个角度出发，推导出关于混凝土的经验、理论、随机及半经验半理论的碳化服役寿命碳化预测模型，但都是建立在快速碳化深度与碳化时间的平方根成正比的模式上，混凝土碳化深度的计算公式可以统一为

$$x=at^{b}$$

式中，x 为碳化深度，mm；t 为混凝土服役寿命，d；a 为碳化深度发展系数，代表行为序列估计值的发展态势；b 为灰作用量，反映的是数据变化的关系。

但是影响混凝土碳化深度的因素具有高度的综合性、不确定性，如服役环境、温度、湿度、配合比[284,285]等，进而导致影响系数 a、b 等的不确定性。依据现有混凝土碳化服役寿命预测模型，运用 MATLAB 对其进行拟合可得相关拟合方程及相关系数如表 9-1 及图 9-1 所示，由表 4-1 可知，依据现有混凝土碳化深度预测模型对本实验所涉及的普通混凝土与风积沙粉体混凝土碳化深度实测数据进行拟合时发现，现有模型对于普通混凝土的拟合优度均大于 0.5，对于风积沙粉体混凝土则均低于 0.5，而拟合优度越高，实测数据与预测模型之间的匹配效果越好，反之，则证明预测模型不适用，为更直观地对模型的预测效果进行评估，作者将拟合结果以图 9-1 的形式展示，由图可直观地看出普通混凝土碳化深度实测数据与拟合曲线之间的离散性远小于风积沙粉体混凝土的，故现有混凝土碳化深度预测模型能够一定程度地对本研究所涉及的普通混凝土碳化深度进行预测，而对于风积沙粉体混凝土则不足以说明碳化深度与碳化周期的规律性问题，这一方面是由于碳化试验的特点所限，难以采集大批量的试验数据，另一方面则

是由于现有的混凝土碳化深度预测模型受环境因素的影响较大，不具备广适性，故现有模型不再适用，有必要开发出适用于风积沙粉体混凝土基于碳化的服役寿命预测模型。

表 9-1　基于常规碳化方程的风积沙粉体混凝土碳化深度预测模型结果

混凝土种类	碳化深度/mm				拟合方程	拟合优度 R
	3d	7d	14d	28d		
C25-15	2.56	3.22	2.37	2.0	$x = 3.28t^{-0.12}$	0.33
C35-15	1.5	1.56	1.48	1.44	$x = 1.57t^{-0.02}$	0.40
C25-0	0.96	2.66	1.83	1.44	$x = 1.52t^{0.06}$	0.62
C35-0	0.2	0.5	1.18	1.0	$x = 0.21t^{0.5}$	0.68

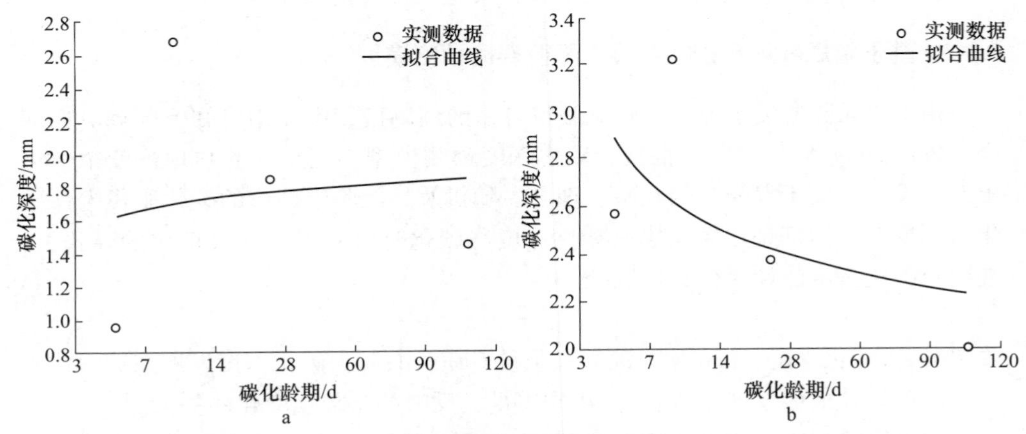

图 9-1　基于常规碳化方程的风积沙粉体混凝土碳化深度预测模型拟合结果

a—C25-0 组拟合结果；b—C25-15 组拟合结果

9.1.3　基于碳化的风积沙粉体混凝土服役寿命灰色预测模型

鉴于常规的现有的混凝土服役寿命预测模型广适性不足，混凝土碳化系数的变异性较高，碳化试验本身数据采集困难、数据量少的现实因素影响，以及 GM 模型又是针对少数据、贫信息、不确定系统而建立的，并且建模精度较高，可较好地保持原系统的特征，故作者依据灰色系统理论，结合现有试验结果，建立基于碳化的风积沙粉体混凝土服役寿命灰色预测模型。

本研究以 GM(1，1) 模型为基础，并定义参数 a、b 分别为发展系数、灰作用量，建立碳化灰色预测模型如式（9-1）所示，并采用 MATLAB 分析软件进行拟合，拟合结果如表 9-2 所示，同时，为更直观地展示拟合结果，特将 C25-15、

C25-0 组拟合结果作图 9-2。

由表 9-2 及图 9-2 可知，无论是对于风积沙粉体混凝土，还是普通混凝土，拟合值与实际值之间的残差均低于 0.2，拟合值与实际值较为接近，拟合值的方差比均小于 0.5，拟合值之间的离散程度较小，同时，由表 9-2 可知拟合方程的拟合优度均在 0.85 以上，故新建立的预测模型适用于风积沙粉体混凝土碳化深度预测。

$$x = \frac{x_1 - \dfrac{b}{a}}{e^{a(t-1)} + \dfrac{b}{a}} \tag{9-1}$$

式中，x 为碳化深度，mm；x_1 为碳化深度初始值，mm；t 为混凝土服役寿命，d；a 为碳化深度发展系数，代表行为序列估计值的发展态势；b 为灰作用量，反映的是数据变化的关系。

表 9-2 基于灰色理论的风积沙粉体混凝土碳化深度预测模型结果

混凝土种类	快速碳化深度/mm				a	b	残差 Q	方差比 C	拟合优度 R
	3d	7d	14d	28d					
C25-0	0.96	2.66	1.83	1.44	0.3178	3.3531	0.0241	0.0813	0.9969
C25-15	2.56	3.22	2.37	2.0	0.2477	4.2047	0.024	0.152	0.9883
C35-0	0.2	0.5	1.18	1.0	−0.2385	0.5658	0.1892	0.4813	0.8766
C35-15	1.5	1.56	1.48	1.44	0.0404	1.6459	0.0042	0.1772	0.9842

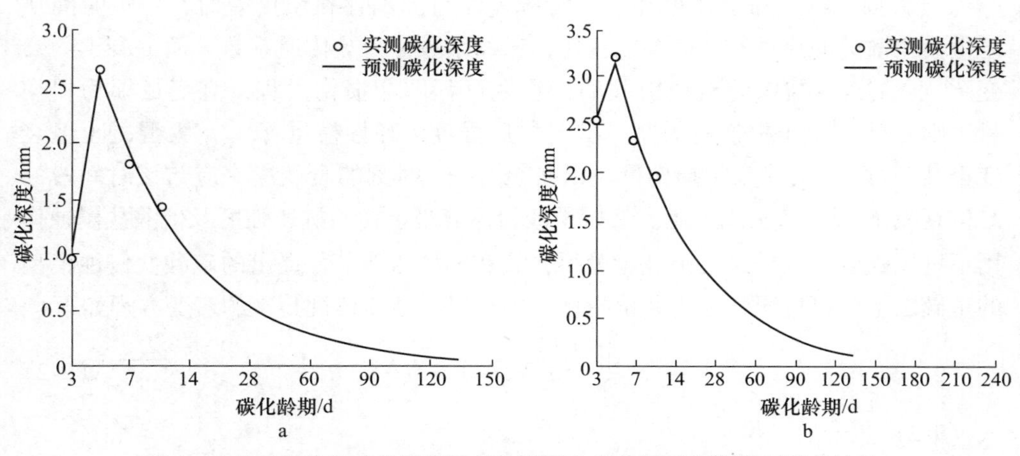

图 9-2 基于灰色理论的风积沙粉体混凝土碳化深度预测模型拟合结果

a—C25-0 组拟合结果；b—C25-15 组拟合结果

9.2　基于硫酸盐侵蚀的风积沙粉体混凝土服役寿命预测模型

1.2.4.5 节关于硫酸盐侵蚀预测模型的综述指出数学建模的方法已逐渐成为研究混凝土硫酸盐侵蚀的有力手段，众多学者纷纷从不同研究角度、不同分析方法、不同理论依据等方面开展了研究，成果较为突出，其中数值仿真研究因其既有室内加速试验实测数据支撑，又有多样化的结合热动力学、Fick 扩散定律、化学反应守恒等理论研究基础，并借助计算机软件技术实现数据的云处理，现实及推广意义重大。但是，无论是室内加速试验，还是数学建模的方法都存在一定的局限性，不可避免地会因为分析手段的固有缺陷而导致不能对混凝土材料在硫酸盐侵蚀下的耐久性能做出准确评价。

鉴于此，作者在室内加速试验的基础之上，结合硫酸盐扩散—反应理论模型、硫酸盐侵蚀全过程劣化模型等理论研究成果，并对硫酸盐侵蚀下风积沙粉体混凝土的劣化过程及损伤机理进行细致分析和研究，进而建立基于硫酸盐侵蚀的风积沙粉体混凝土服役寿命预测模型。

本研究采用干湿循环的试验手段来进行风积沙粉体混凝土的抗硫酸盐侵蚀试验，并引入抗压强度耐蚀系数（如公式（2-8）所示）这一指标来评价其抗硫酸盐侵蚀性能，故作者以抗压强度的变化为基准，并考虑水胶比、矿物掺合料掺量、硫酸盐浓度等的影响，建立风积沙粉体混凝土抗硫酸盐侵蚀寿命预测模型，具体如下：

（1）由牛顿冷却定律可知，当物体表面与周围存在温度差时，单位时间从单位面积散失的热量与温度差成正比，比例系数称为热传递系数，而混凝土的衰变[286]是其自身结构的破损引起的，衰变过程即为损伤过程，衰变量即为损伤量，则 f_0 为混凝土损伤前的原有量（抗压强度、弹性模量等），f_t 为混凝土经衰变至某一时刻 t 的剩余未损伤量，则在（t_0-t）时刻的衰变速率应与该时间段的结构衰减量（f_t-f_0）成正比。又风积沙粉体混凝土初始抗压强度及硫酸盐侵蚀作用下抗压强度试验结果已由试验测得，故在杜应吉等[156]提出的硫酸盐侵蚀模型的基础之上，以抗压强度为评价指标，则得风积沙粉体混凝土的衰变方程如下：

$$\frac{\mathrm{d}f_t}{\mathrm{d}t}=-\lambda(f_t-f_0) \tag{9-2}$$

式（9-2）积分后可得：

$$f_t=\alpha f_0\mathrm{e}^{-\lambda t} \tag{9-3}$$

式中，t 为混凝土的龄期；f_0 为初始抗压强度值；f_t 为龄期为 t 时的抗压强度值；λ

为衰减系数；α 为待定常数，由试验测得。

（2）硫酸盐侵蚀作用下，以抗压强度耐蚀系数不低于75%时的最大干湿循环次数来定义其抗硫酸盐等级，而混凝土为脆性材料，其应力-应变曲线没有屈服阶段，达到破坏荷载时即破碎，故本研究定义当试件抗压强度低于初始抗压强度的75%时，即认为风积沙粉体混凝土抗硫酸盐侵蚀的耐久性寿命已经丧失。

（3）抗压强度与服役寿命 T 的关系。传统混凝土结构进行设计时往往以50年作为平均服役寿命周期，此时其衰变系数为 $\lambda = 0.02$[286]，但是，随着时代的发展，道路、交通、水利等工程建设都提出了“安全运行一百年”，甚至永久有效的设计理念，故取衰减系数 $\lambda = 0.002$，并以龄期为28d时的抗压强度作为 f_0，同时，硫酸盐侵蚀下混凝土结构的服役寿命往往与水胶比、硫酸盐浓度、矿物掺合料掺量等因素关联较为密切，故待定系数取为三者的耦合值，即

$$T = 500\ln\frac{f_t}{\alpha f_0} = 500\ln\frac{k}{k_w k_s k_m} \tag{9-4}$$

式中，T 为混凝土的服役寿命，年；k 为抗压强度耐蚀系数，本研究取 $k \geqslant 0.75$；$\alpha = k_w k_s k_m$，k_w、k_s、k_m 分别为不同水胶比、不同硫酸盐浓度、不同矿物掺合料等因素作用时的修正系数，由试验测得。

（4）水胶比修正系数 k_w 的确定。根据试验结果，对水胶比为0.3、0.35、0.4、0.45、0.5时的风积沙粉体混凝土抗硫酸盐侵蚀性能进行分析，并得出水胶比修正系数 k_w 的计算式如表9-3所示，同时，运用Matlab拟合软件进行拟合得拟合结果如图9-3所示。

表9-3 不同水胶比时风积沙粉体混凝土修正系数

水胶比 w	f_0 /MPa	f_t /MPa	k_w	拟合方程	拟合优度
0.30	42.65	39.56	0.93	$k_w = -0.01w^2 + 0.03w + 0.91$	0.73
0.35	37.49	33.58	0.90		
0.40	35.32	33.4	0.95		
0.45	28.63	22.16	0.77		
0.50	24.7	19.1	0.77		

（5）硫酸盐浓度修正系数 k_s 的确定。

根据试验结果，对硫酸盐质量浓度为0%、2.5%、5%、7.5%、10%时的风积沙粉体混凝土抗硫酸盐侵蚀性能进行分析，并得出水胶比修正系数 k_s 的计算式如表9-4所示，同时，运用Matlab拟合软件进行拟合得拟合结果如图9-4所示。

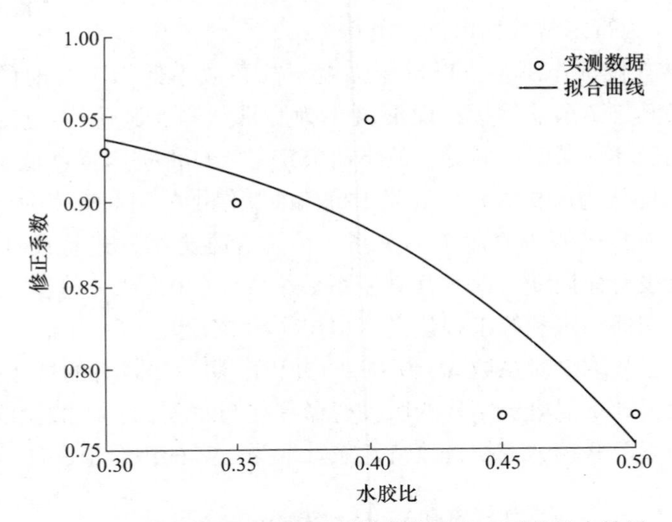

图 9-3　不同水胶比时风积沙粉体混凝土修正系数拟合结果

表 9-4　不同硫酸盐浓度时风积沙粉体混凝土修正系数

硫酸盐浓度 s/%	f_0 /MPa	f_t /MPa	k_s	拟合方程	拟合优度
0	24.7	23.9	0.97	$k_s = -0.08s^2 + 1.05$	0.98
2.5	24.7	21.8	0.88		
5.0	24.7	19.1	0.77		
7.5	24.7	18.4	0.74		
10.0	24.7	15.5	0.63		

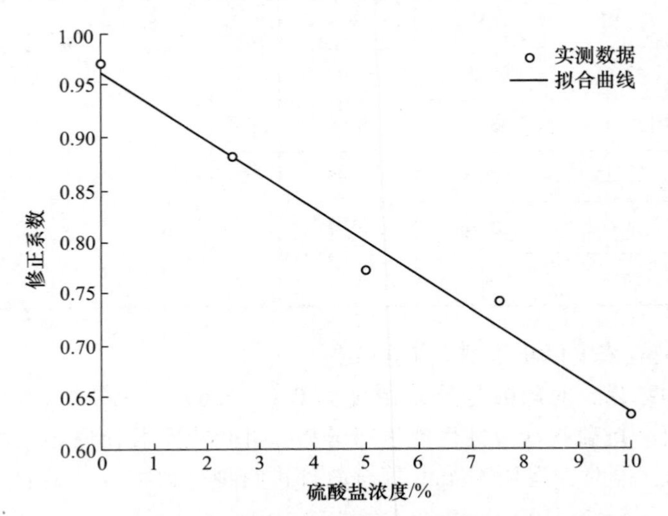

图 9-4　不同硫酸盐浓度时风积沙粉体混凝土修正系数拟合结果

（6）风积沙粉体掺量修正系数 k_m 的确定。

根据试验结果，对风积沙粉体掺量为0%、5%、10%、15%、20%时的风积沙粉体混凝土抗硫酸盐侵蚀性能进行分析，并得出水胶比修正系数 k_m 的计算式如表9-5所示，同时，运用Matlab拟合软件进行拟合得拟合结果如图9-5所示。

表9-5 不同风积沙粉体掺量时风积沙粉体混凝土修正系数

风积沙粉体掺量 m/%	f_0/MPa	f_t/MPa	k_m	拟合方程	拟合优度
0	26.47	16.8	0.63	$k_m = 0.02\lg m + 0.73$	0.89
5	26.24	18.9	0.72		
10	25.93	19.5	0.75		
15	24.7	19.1	0.77		
20	24.38	18.4	0.75		

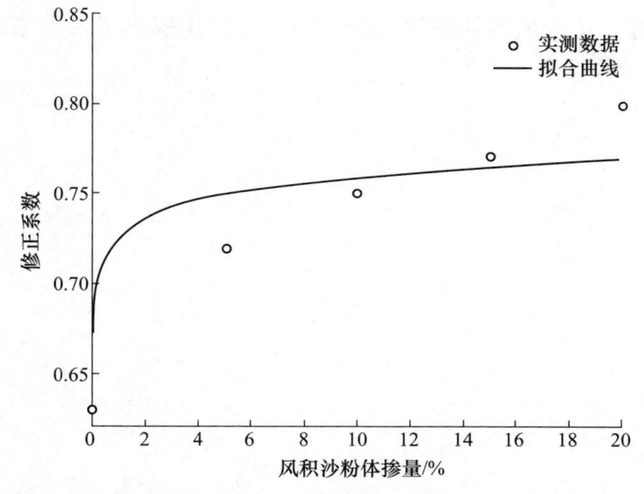

图9-5 不同风积沙掺量时风积沙粉体混凝土修正系数拟合结果

由（3）~（6）论述中可得硫酸盐侵蚀作用下风积沙粉体混凝土的服役寿命预测公式为

$$T = 500\ln\frac{f_t}{\alpha f_0}$$

$$= 500\ln\frac{k}{(-0.01w^2 + 0.03w + 0.91)(-0.08s^2 + 1.05)(0.02\lg m + 0.73)} \tag{9-5}$$

式中，T 为混凝土的服役寿命，年；k 为抗压强度耐蚀系数，本研究取 $k \geqslant 0.75$；α

$= k_w k_s k_m$ ，k_w、k_s、k_m 分别为不同水胶比、不同硫酸盐浓度、不同矿物掺合料等因素作用时的修正系数，由试验测得；w、s、m 分别为水胶比、硫酸盐浓度、矿物掺合料用量。

当水胶比分别为 0. 4，硫酸盐浓度为 5%，风积沙粉体掺量为 15%，抗压强度耐蚀系数为 0. 75 时，代入式（9-5）计算可得 C35-15 组风积沙粉体混凝土服役寿命为 146 年，满足混凝土耐久性要求。

9.3　本章小结

本章在系统分析了现有混凝土服役寿命预测模型的基础之上，基于灰色理论与硫酸盐侵蚀机理，分别建立了基于碳化的风积沙粉体混凝土服役寿命灰色预测模型与基于硫酸盐侵蚀的风积沙粉体混凝土服役寿命预测模型，且模型能较好地对风积沙粉体混凝土服役寿命进行预测，这不仅丰富了混凝土服役寿命预测模型的理论研究内容，还为风积沙粉体混凝土的工程应用提供了理论基础。

10 结论、创新点及展望

10.1 结　　论

本研究以风积沙粉体为原材料制备风积沙粉体混凝土，并对其改性机理及复杂工况下的劣化机理进行研究，主要研究成果及结论如下：

（1）风积沙粉体改性试验中，风积沙粉体活化率随着激发剂质量分数的增加而增加，且随着溶液碱性的增强，风积沙粉体中 SiO_2 等活性物质溶出量逐渐增多；硫酸钠对风积沙粉体的改性效果优于氢氧化钠，2.0%硫酸钠作用下，风积沙粉体中分别溶出 2.2%的活性 SiO_2，2.6%的活性 CaO 等物质，并发生聚合反应生成高硫型水化硫铝酸盐钙矾石（AFt）；氢氧化钠作用时，虽然也有活性 SiO_2、CaO 等物质溶出，但难以发生聚合反应，且风积沙粉体掺量为 15%，预养护温度为 35℃时，风积沙粉体改性效果较好，硫酸钠组活性指数高达 108.2%。

（2）风积沙粉体-水泥胶砂试件的力学性能随着风积沙粉体掺量的增加而降低，15%时较好；随着预养护温度的升高呈现先增加后降低的趋势，35℃时较好；随着硫酸钠、氢氧化钠掺量的增加呈现先增加后降低的趋势，2.0%时较好，且硫酸钠组力学性能优于氢氧化钠组。另外，风积沙粉体的掺量为 15%，硫酸钠掺量为 2.0%，养护温度为 35℃时，风积沙粉体-水泥胶砂试件中钙矾石发育良好，充分填充风积沙粉体-水泥胶凝体系内部孔隙，使其内部 20nm 以下的不连通的毛细孔的比例达到 85.69%，束缚流体饱和度也提高至 94.311%，力学性能及耐久性能较好。

（3）冻融—盐浸耦合作用下风积沙粉体混凝土相对动弹性模量随着冻融循环次数的增加，呈现先降低，后稳定，再下降至破坏的规律，同时，适当提高混凝土标号及掺入风积沙粉体有利于提高混凝土抗冻性，在 6%硫酸镁溶液中，C25-0、C25-15 组混凝土在 325 次冻融循环以后就发生破坏，而 C35-0 组普通混凝土直到 375 次才发生破坏，C35-15 组风积沙粉体混凝土试件更是在 425 次冻融循环后才破坏。

（4）冻融—盐浸耦合作用下，风积沙粉体混凝土在硫酸镁溶液中生成钙矾石（AFt），6.0%的硫酸镁溶液中还会生成石膏（$CaSO_4$），这些针柱状、纤维状产物填充混凝土内部因冻胀应力作用而产生的裂隙，导致风积沙粉体混凝土孔隙度、渗透率较普通混凝土低，束缚流体饱和度高于普通混凝土，且 C35-15 组风积沙粉体混凝土中无害及少害孔所占比例为 61.12%，比 C35-0 组普通混凝土的 49.33%高出 11.79%，组织结构更加密实，故风积沙粉体混凝土较普通混凝土在硫酸盐溶液中拥有更好的抗冻性能。

（5）冻融、干湿环境下，单一冻融作用时，风积沙粉体混凝土相对动弹性模量下降幅度低于普通混凝土，试验结束时风积沙粉体混凝土相对动弹性模量高出普通混凝土 3.0%，且满足 F200 的抗冻性要求；单一干湿作用时，风积沙粉体混凝土抗压强度耐蚀系数高于普通混凝土 12.9%，且满足 KS90 的抗硫酸盐侵蚀要求，单一因素作用下风积沙粉体混凝土劣化显著性低于普通混凝土。冻融、干湿耦合作用下风积沙粉体混凝土劣化显著性高于单一因素作用，冻融—干湿耦合作用下第三个循环周期后风积沙粉体混凝土相对动弹性模量已不满足规范要求，且低于干湿—冻融耦合作用时 2.2 倍。冻融—干湿耦合作用下风积沙粉体混凝土中多害孔的比例高出干湿—冻融耦合作用 7.8%，渗透率为干湿—冻融作用后的 3.7 倍，束缚流体饱和度低于干湿—冻融耦合作用后 13.64%，钙矾石的富集程度也远高于干湿—冻融耦合作用，且孔隙度是初始值的 2.1 倍，冻融—干湿耦合作用下的劣化显著性高于干湿—冻融耦合作用。

（6）风沙冲蚀、碳化环境下，风沙冲蚀作用破坏风积沙粉体混凝土表面水泥石结构，暴露内部包裹的粗集料，可使碳化深度增加 3 倍以上；碳化作用时，普通混凝土碳化是由于氢氧化钙和水化硅酸钙发生脱钙反应，风积沙粉体混凝土碳化则是由于氢氧化钙、水化硅酸钙和钙矾石发生脱钙反应，由于碳化产物自身的膨胀作用使混凝土变得疏松，使风沙冲蚀后质量损失增加 1.6 倍以上，且风积沙粉体混凝土内部孔径在 20nm 以下的无害孔的比例多于普通混凝土 21.37%，200nm 以上多害孔少于普通混凝土 29.4%，其劣化显著性低于普通混凝土。

（7）风沙冲蚀、碳化耦合作用劣化显著性较高，且风沙冲蚀—碳化耦合作用对风积沙粉体混凝土的劣化显著性低于碳化—风沙冲蚀作用，风沙冲蚀—碳化耦合作用时，在 90°冲蚀角作用时产生的冲蚀坑洞深度将近两倍于 45°时，且风沙冲蚀后，碳化深度随着龄期的增加而逐渐减少，14d 龄期时 C25-15 组风积沙粉体混凝土碳化深度已低于 C25-0 组普通混凝土 6%，28d 龄期时达到 10.6%。风沙冲蚀—碳化耦合作用后风积沙粉体混凝土孔隙度下降幅度高于普通混凝土 7.2%，20nm 以下的无害孔的比例高于普通混凝土 25.15%，且沿碳化深度方向 10~15mm 范围内形成碳化区、碳化产物发生变化区（生成硫酸钙）及非碳化区共同存在的混合区。

（8）冻融、碳化环境下，冻融作用产生冻胀应力，破坏风积沙粉体混凝土内部孔结构，使孔隙发育，增大孔隙度，碳化作用形成碳酸钙，细化孔隙结构，一定程度降低孔隙度。同时，研究发现风积沙粉体混凝土与普通混凝土具有不同的碳化机理，普通混凝土碳化生成碳酸钙，风积沙粉体混凝土碳化后生成硫酸钙、碳酸钙。另外，冻融、碳化作用下，风积沙粉体混凝土相对动弹性模量下降幅度低于普通混凝土，且冻融—碳化与碳化—冻融耦合作用相比，冻融—碳化作用下风积沙粉体混凝土相对动弹性模量高于碳化—冻融作用下 1.5 倍，冻融—碳化作用下风积沙粉体混凝土碳化深度低于碳化—冻融作用下 5.0%。

(9) 揭示了冻融、碳化作用下风积沙粉体混凝土孔结构变化规律，冻融—碳化作用下风积沙粉体混凝土束缚流体饱和度高出普通混凝土 21.86%，无害孔高出 15.35%，多害孔、孔隙度分别低于普通混凝土 22.25%、3.06%，渗透率低于普通混凝土 50 倍，且无害孔高于碳化—冻融作用下 16.85%，多害孔低于碳化—冻融作用下 22.5%，同时，碳化—冻融作用下风积沙粉体混凝土束缚流体饱和度高出普通混凝土 0.34%，渗透率高出 1.5%，故风积沙粉体混凝土劣化显著性低于普通混凝土，且碳化—冻融作用下风积沙粉体混凝土的劣化显著性较高。

(10) 风积沙粉体混凝土与普通混凝土在不同的耦合工况作用下的劣化损伤机制既表现出一定的一致性，又表现出一定的差异性，微观力学特性中的硬度及孔隙参数中的孔隙度对两者的影响均较大，但无害孔对普通混凝土的影响较大，少害孔对风积沙粉体混凝土的影响较大。同时，基于灰色理论与硫酸盐侵蚀损伤机理，建立了风积沙粉体混凝土服役寿命预测模型，这对于风积沙粉体在水利、建筑等工程中的应用具有实际指导意义，社会及经济效益显著。

10.2 创 新 点

本研究充分考虑内蒙古自治区特殊的区域特点，充分利用当地自有资源进行研究，具体创新点如下：

(1) 揭示了风积沙粉体活性激发机理。以风积沙为原材料制备风积沙粉体，并依据“碱激发”理论，对风积沙粉体活性及激发机理进行深入剖析，而后研发风积沙粉体类胶凝材料，并作为无机非金属矿物掺合料应用于工业民用建筑工程中。

(2) 从宏微观角度探讨了复杂环境下风积沙粉体混凝土的劣化损伤过程及劣化机理。在充分考虑内蒙古自治区水文、气候、地理、土壤等因素的基础之上，对冻融、盐浸、碳化、风沙冲蚀等耦合工况作用下的风积沙粉体混凝土劣化损伤过程进行了深入探讨，指出耦合工况的作用次序对风积沙粉体混凝土与普通混凝土均有较大影响，揭示了风积沙粉体混凝土劣化机理，进而对其耐久性能进行分析。

(3) 建立了复杂环境下风积沙粉体混凝土服役寿命预测模型。在综合考虑混凝土服役寿命的碳化模型、氯离子扩散模型、损伤模型、抗硫酸盐侵蚀模型等理论模型与风积沙粉体混凝土耐久性能研究的基础之上，结合灰色系统理论与硫酸盐侵蚀损伤机理，分别建立了基于碳化的风积沙粉体混凝土服役寿命灰色预测模型与基于硫酸盐侵蚀的风积沙粉体混凝土服役寿命预测模型。

10.3 展　　望

本研究对风积沙粉体混凝土在复杂工况作用下的劣化损伤过程及耐久性能进行了深入分析，但由于本研究的工程应用基础几乎为零，工程建设中以风积沙粉体为胶凝材料的建筑及构筑物几乎不存在，这导致该研究可借鉴的实践经验较少，同时，鉴于试验条件及实际工程建设的难度较大，野外平行试验也没有同步进行，导致本研究所建立的预测模型缺乏足够的佐证，因此，在以后的研究过程中，作者还应在以下几个方面进行更深入的探讨：

(1) 积极开展社会调研，对区域环境的水文、地质、气候、人文、社会发展、资源供应等自然条件与社会条件进行综合分析，以便于全面细致地对区域环境中影响混凝土耐久性的因素进行甄别，而不是仅限于在冻融、盐浸等耦合工况下对其耐久性能进行分析，还应综合考虑盐溶液种类、荷载作用、人为破坏等因素的综合影响。

(2) 积极促进野外试验站点的建设，实现野外平行试验与室内加速试验的有机结合，同时，积极参加校企合作项目，争取早日实现风积沙粉体混凝土在工程建设中的应用，进而对风积沙粉体混凝土服役寿命预测模型的理论正确性进行分析，并结合实际施工需求，进行后续的配合比优化、成本分析等工作。

(3) 积极促进国际交流与学习，多方考察国内外各地风积沙的形成原因，并对其成分进行分析，从而探讨不同沙源地风积沙的改性机理是否存在差异，而后制备出不同沙源地的风积沙粉体混凝土，进而在宏微观性能分析的基础之上，针对性地提出不同地区风沙资源的开发方法，为世界范围内的风沙治理工作做出贡献。

(4) 本研究建立的风积沙粉体混凝土服役寿命预测模型是基于理论分析、室内加速试验与软件模拟的条件下建立起来的，不可避免地存在一定的局限性，因此，在后续的研究工作中可考虑结合野外试验站点所测数据，并运用最新的科学技术成果，建立更加具有代表性的服役寿命预测模型。

参考文献

[1] 沈亚楠，仇梦梦，岳耀杰．中国北方土地沙漠化灾害危险性评价［J］. 干旱区研究，2017，34（1）：174-184.

[2] 杨人凤，纪林章，俞利宾．风积沙压实机理的研究［J］. 现代交通技术，2010（1）：4-7，24.

[3] 张展弢，龚海科，谢永利，等．内蒙古自治区风积沙的工程特性［J］. 河北工业大学学报，2006（3）：112-117.

[4] 李万鹏．风积沙的工程特性与应用研究［D］. 西安：长安大学，2004.

[5] 陈忠达，李万鹏．风积沙振动参数及振动压实机理［J］. 长安大学学报（自然科学版），2007（1）：1-6.

[6] 蒋晓星，孙振平，杨正宏，等．风积沙的特性及应用［J］. 粉煤灰综合利用，2018（1）：65-69.

[7] 张宏，王智远，刘润星．科尔沁沙漠区风积沙动力压实特性研究［J］. 岩土力学，2013，34（S2）：100-104.

[8] Daniel R. Muhs. Evaluation of simple geochemical indicators of aeolian sand provenance：late quaternary dune fields of north America revisited［J］. Quaternary Science Reviews，2017，171（1）：260-296.

[9] Iain Finnie. Erosion of surfaces by solid particles［J］. Wear，1960，3（2）：87-103.

[10] 李根峰，申向东，邹欲晓，等．风沙冲蚀与碳化耦合作用下风积沙粉体混凝土耐久性能［J］. 农业工程学报，2018，34（17）：158-166.

[11] Sheldon G L，Ashok Kanhere. An investigation of impingement erosion usingsingle particles［J］. Wear，1972，21（1）：195-209.

[12] Shi Peili，Zhang Yuxiu，Hu Zhenqi，et al. The response of soil bacterial communities to mining subsidence in the west China aeolian sand area［J］. Applied Soil Ecology，2017，121（1）：1-10.

[13] 逯博，买买提明·艾尼，金阿芳，等．基于 SPH 的风沙运动的数值模拟［J］. 力学学报，2013，45（2）：177-182.

[14] Jerome R. Mayaud，Richard M. Bailey，Giles F. S. Wiggs，et al. Modelling aeolian sand transport using a dynamic mass balancing approach［J］. Geomorphology，2017，280（1）：108-121.

[15] Lu Yan，Yu Wenbing，Hu Da，et al. Experimental study on the thermal conductivity of aeolian sand from the Tibetan Plateau［J］. Cold Regions Science and Technology，2018，146（1）：1-8.

[16] Zhang Guoxue，Song Jianxia，Yang Jiansen，et al. Performance of mortar and concrete made with a fine aggregate of aeolian sand［J］. Building and Environment，2006，41（11）：1478-1481.

[17] 何静，申向东，董伟，等．风积沙掺量对水泥砂浆力学性能和微观结构的影响［J］. 硅

酸盐通报，2015，34（9）：2609-2613.

[18] 吴俊臣，申向东．风积沙混凝土的抗冻性与冻融损伤机理分析［J］. 农业工程学报，2017，33（10）：184-190.

[19] 董伟，申向东，赵占彪，等．风积沙轻骨料混凝土冻融损伤及寿命预测研究［J］. 冰川冻土，2015，37（4）：1009-1015.

[20] Dong Wei, Shen Xiangdong, Xue Huijun, et al. Research on the freeze-thaw cyclic test and damage model of Aeolian sand lightweight aggregate concrete [J]. Construction and Building Materials, 2016, 123 (1): 792-799.

[21] 薛慧君，申向东，刘倩，等．高寒灌区风沙吹蚀对农业水利工程混凝土抗冻耐久性的影响［J］. 农业工程学报，2017，33（15）：133-140.

[22] 王仁远，申向东，薛慧君，等．浮石混凝土风沙吹蚀与冻融耦合的破坏机理研究［J］. 应用基础与工程科学学报，2019，27（2）：418-429.

[23] 盖国胜．功能性粉体材料制备与工艺介绍［C］//中国建材联合会粉体技术分会、国际粉体检测与控制联合会工业应用委员会、清华大学粉体工程研究室．氧化铝在陶瓷耐火应用创新技术论坛论文集．中国建材联合会粉体技术分会、国际粉体检测与控制联合会工业应用委员会、清华大学粉体工程研究室：中国建筑材料联合会粉体技术分会，2017：30-32.

[24] 王晓庆，王珊珊，冯竟竟，等．磨细粉煤灰对水泥基复合胶凝材料流变性能及硬化性能的影响［J］. 硅酸盐通报，2015，34（6）：1554-1558.

[25] 高翔，李庆华，徐世烺，等．高性能水泥基纳米胶凝材料渗透性能及孔径分布试验研究［J］. 工程力学，2014，31（S1）：265-268.

[26] 方永浩，朱琦，岑奕侃，等．大掺量超细矿渣粉水泥基胶凝材料的性能与结构及磷石膏的影响［J］. 硅酸盐学报，2008（4）：444-450.

[27] 丛日竹，范基骏，李理弦．纳米 ZrO_2 对普通硅酸盐水泥水化的机理研究［J］. 广东建材，2007（5）：7-9.

[28] 翟梦怡，赵计辉，王栋民．锂渣粉作为辅助胶凝材料在水泥基材料中的研究进展［J］. 材料导报，2017，31（5）：139-144.

[29] Xue Cuizhen, Shen Aiqin, Guo Yinchuan, et al. Utilization of construction waste composite powder materials as cementitious materials in small-scale prefabricated concrete [J]. Advances in Materials Science and Engineering, 2016 (1): 1-11.

[30] Liu Chengbin, Ji Hongguang, Liu Juanhong. Characteristics of slag fine-powder composite cementitious material-cured coastal saline soil [J]. Emerging Materials Research, 2014, 3 (6): 282-291.

[31] Hocine Siad, Mohamed Lachemi, Mustafa Sahmaran, et al. Use of recycled glass powder to improve the performance properties of high volume fly ash-engineered cementitious composites [J]. Construction and Building Materials, 2018, 163: 53-62.

[32] Ez-zaki H, ElGharbi B, Diouri A. Development of eco-friendly mortars incorporating glass and shell powders [J]. Construction and Building Materials, 2016, 159: 198-204.

[33] 戴煜，李礼．金属基 3D 打印粉体材料制备技术现状及发展趋势［J］．新材料产业，2016（6）：23-29.

[34] 史才军，Krivenko P V，Della Roy. 碱：激发水泥和混凝土［M］．北京：化学工业出版社，2008：1-326.

[35] Purdon. The action of alkalis on blast-furnace slag［J］. Journal of the Society of Chemical Industry，1940，59：191-202.

[36] Palomo A，Grutzek M W，Blanco M T. Alkali-activated fly ashes. A cement for the future［J］. Cement and Concrete Research，1999，29：1323-1329.

[37] Davidovits J. Synthetic mineral polymer compound of the silicoaluminates family and preparation process：US，US37720482A［P］. 1981-04-29.

[38] Sankar，Kaushik. Geopolymers as alternate cements［J］. American Ceramic Society Bulletin，2017，96（6）：56.

[39] Albitar M，Mohamed Ali MS，Visintin P，et al. Effect of granulated lead smelter slag on strength of fly ash-based geopolymer concrete［J］. Construction and Building Materials，2015，83：128-135.

[40] 史才军，何富强，A. FERNáNDEZ-JIMéNEZ，等．碱激发水泥的类型与特点（英文）［J］. 硅酸盐学报，2012（1）：69-75.

[41] 李长明，张婷婷，王立久．砒砂岩火山灰活性及碱激发改性［J］．硅酸盐学报，2015，43（8）：1090-1098.

[42] 董晶亮，张婷婷，王立久．碱激发改性矿粉/砒砂岩复合材料［J］．复合材料学报，2016，33（8）：132-141.

[43] 伍浩良，杜延军，王菲，等．碱激发矿渣膨润土系竖向隔离墙体材料施工和易性及强度特性［J］．东南大学学报（自然科学版），2016，46（Z1）：25-30.

[44] 黄川，史晓娟，龚健，等．碱激发电解锰渣制备水泥掺合料［J］．环境工程学报，2017，11（3）：1851-1856.

[45] 朱国振，汪长安，高莉．高强度碱激发地质聚合物的热稳定性［J］．硅酸盐学报，2013（9）：1175-1179.

[46] 王健，张乐文，冯啸，等．碱激发地聚合物双液注浆材料试验与应用研究［J］．岩石力学与工程学报，2015，34（A2）：4418-4425.

[47] Krivenko. Influence of physico-chemical aspects of early history of a slag alkaline cement stone on stability of its properties［C］. United Arab Emirates：United Arab Emirates University，1994，11-130.

[48] 邢军，胡竞文，李翠，等．石膏对氧化钙激发高炉矿渣胶凝性能的影响［J］．中国矿业，2019，28（3）：166-171.

[49] 马宏强，易成，陈宏宇，等．碱激发煤矸石-矿渣胶凝材料的性能和胶结机理［J］．材料研究学报，2018，32（12）：898-904.

[50] 姜关照，吴爱祥，王贻明，等．复合激发剂对铜炉渣活性影响及充填材料制备［J］．工程科学学报，2017，39（9）：1305-1312.

[51] 叶家元，张文生，史迪．钙对碱激发胶凝材料的促凝增强作用［J］．硅酸盐学报，2017，45（8）：1101-1112.

[52] Wang Dengquan，Wang Qiang，Zhuang Shiyu，et al. Evaluation of alkali-activated blast furnace ferronickel slag as a cementitious material：Reaction mechanism，engineering properties and leaching behaviors［J］. Construction and Building Materials，2018，188：860-873.

[53] Luo Xin，Xu Jinyu，Bai Erlei，et al. Systematic study on the basic characteristics of alkali-activated slag-fly ash cementitious material system［J］. Construction and Building Materials，2012，29：482-486.

[54] Zhao Sanyin，Yu Qijun，Qiao Fei. Setting and strength characteristics of alkali-activated carbonatite cementitious materials with cround slag replacement［J］. Journal of Wuhan University of Technology（Materials Science Edition），2006，21（1）：125-128.

[55] 何文敏．混凝土结构服役寿命预测模型研究综述［J］．材料导报，2011，25（15）：141-144.

[56] 赵东拂，贾朋贺，张晓琳，等．海洋环境混凝土耐久性无损检测指标及其控制标准[J]．应用基础与工程科学学报，2017，25（6）：1282-1291.

[57] 季诗政，刘永生，倪明，等．水工涵闸钢筋混凝土碳化调查与处理［J］．水利水运科学研究，1998（S1）：90-94.

[58] 陈友治，徐瑛．冶金车间钢混结构的化学侵蚀性破坏［J］．材料保护，2001，34（3）：41-42.

[59] Gonzalez F，Fajardo G，Arliguie G. Electrochemical realkalisation of carbonated concrete：an alternative approach to prevention of reinforcing steel corrosion［J］. International Journal of Electrochemical Science，2011，6（12）：6332-6349.

[60] 牛海成，范玉辉，张向冈，等．再生混凝土抗碳化性能试验研究［J］．硅酸盐通报，2018，37（1）：59-66.

[61] 杨建森，杨荣，杨栩．引气硅粉混凝土的碳化性能研究［J］．宁夏工程技术，2017，16（3）：248-252.

[62] 李兆恒，杨永民，蔡杰龙，等．不同环境因素对混凝土碳化深度的影响规律研究［J］．人民珠江，2017，38（1）：21-24.

[63] 谭学龙．浅谈混凝土的碳化及其预防措施［J］．水利水电技术，2003（4）：59-60.

[64] Shamsad Ahmad，Rida Alwi Assaggaf，Mohammed Maslehuddin. Effects of carbonation pressure and duration on strength evolution of concrete subjected to accelerated carbonation curing［J］. Construction and Building Materials，2017，136：565-573.

[65] Talukdar S，Banthia N，Grace J R. Modelling the effects of structural cracking on carbonation front advance into concrete［J］. International Journal of Structural Engineering，2015，6（1）：73-87.

[66] Jiang Chao，Huang Qinghua，Gu Xianglin. Experimental investigation on carbonation in fatigue-damaged concrete［J］. Cement and Concrete Research，2017，99：38-52.

[67] 孙博，肖汝诚，郭健．碳化概率模型及混凝土结构碳化失效概率分析［J］．土木工程学

报，2018，51（5）：1-7，83.

[68] Verbeck G J，Klieger P. Studies of salt scaling of concrete [J]. Highway Research Board Bulletin，1957，150：1-17.

[69] Richardson A，Coventry K，Edmondson V，et al. Crumb rubber used in concrete to provide freeze-thaw protection (optimal particle size)[J]. Journal of Cleaner Production，2016，112：599-606.

[70] 周茗如，曹润倬，周群．基于冻融循环条件下的纤维混凝土抗冻性试验研究［J］．混凝土，2018（7）：5-7，15.

[71] 赵爽，张武满．橡胶颗粒对碾压混凝土抗冻性的影响［J］．商品混凝土，2016（11）：36-38，48.

[72] 关虓，牛荻涛，肖前慧，等．气冻气融作用下混凝土抗冻性及损伤层演化规律研究[J]．铁道学报，2017，39（3）：112-119.

[73] Mahmoud Nili，Alireza Azarioon，Amir Danesh，et al. Experimental study and modeling of fiber volume effects on frost resistance of fiber reinforced concrete [J]. International Journal of Civil Engineering，2018，16（3）：263-272.

[74] Gong Jianqing，Zhang Wenjie. The effects of pozzolanic powder on foam concrete pore structure and frost resistance [J]. Construction and Building Materials，2019，208：135-143.

[75] Powers T C. A working hypotuesis for further studies of frost resistance of concrete [J]. ACI Journal Proceedings，1945，16（4）：245-272.

[76] Powers T C. The air requirement of frost-resistance concrete [J]. Proceedings of Highway Research Board，1949，29：184-202.

[77] 李根峰，申向东，邹欲晓，等．基于微观特性分析风积沙粉体掺入提高混凝土的抗冻性［J］．农业工程学报，2018，34（8）：109-116.

[78] 余红发，孙伟，王甲春，等．盐湖地区混凝土的长期腐蚀产物与腐蚀机理［J］．硅酸盐学报，2003（5）：434-440.

[79] 白卫峰，刘霖艾，管俊峰，等．基于统计损伤理论的硫酸盐侵蚀混凝土本构模型研究［J］．工程力学，2019，36（2）：66-77.

[80] 左晓宝，孙伟．硫酸盐侵蚀下的混凝土损伤破坏全过程［J］．硅酸盐学报，2009，37（7）：1063-1067.

[81] 罗遥凌，王冲，彭小芹，等．电场及低温环境下不同镁盐和硫酸盐组合对水泥基材料碳硫硅钙石侵蚀的影响［J］．建筑材料学报，2016，19（6）：998-1003，1012.

[82] 谢超，王起才，于本田，等．低温硫酸盐侵蚀下水泥砂浆抗折强度预测模型［J］．复合材料学报，2019，36（6）：1520-1527.

[83] 张茂花，李雪成．冻融环境下纳米基础混凝土的抗硫酸盐侵蚀性能［J］．自然灾害学报，2018，27（2）：94-99.

[84] 姜磊，牛荻涛．硫酸盐侵蚀与干湿循环下混凝土本构关系研究［J］．中国矿业大学学报，2017，46（1）：66-73.

[85] 王善拔．混凝土盐类结晶破坏的理论与实践［J］．水泥，2008（5）：3-6.

[86] 钱觉时，余金城，孙化强，等．钙矾石的形成与作用［J］．硅酸盐学报，2017，45（11）：1569-1581.

[87] 乔宏霞，朱彬荣，陈丁山．西宁盐渍土地区混凝土劣化机理试验研究［J］．应用基础与工程科学学报，2017(4)：805-815.

[88] Yu Demei, Guan Bowen, He Rui, et al. Sulfate attack of portland cement concrete under dynamic flexural loading: A coupling function [J]. Construction and Building Materials, 2016 (115): 478-485.

[89] Rao Meijuan, Li Mingxia, Yang Huaquan, et al. Effects of carbonation and freeze-thaw cycles on microstructure of concrete [J]. Journal of Wuhan University of Technology (Materials Science), 2016, 5 (1): 1018-1025.

[90] 韩建德，潘钢华，孙伟，等．荷载与碳化耦合因素作用下混凝土的耐久性研究进展[J]．材料导报，2011，25（S1）：467-469，473.

[91] 张向东，李庆文，李桂秀，等．冻融-碳化耦合环境下自燃煤矸石混凝土耐久性实验研究［J］．环境工程学报，2016，10（5）：2595-2600.

[92] Wang Jian, Su Han, Du Jinsheng. Influence of coupled effects between flexural tensile stress and carbonation time on the carbonation depth of concrete [J]. Construction and Building Materials, 2018, 190: 439-451.

[93] Chen Sijia, Song Xiaobing, Liu Xila. Frost resistance and damage velocity of compressively preloaded concrete [J]. Journal of Donghua University (English Edition), 2012 (3): 215-221.

[94] 燕坤，余红发，麻海燕，等．硫酸镁腐蚀与弯曲荷载对碳化混凝土抗冻性的影响［J］．硅酸盐学报，2008（7）：877-883.

[95] Tian Jun, Wang Wenwei, Du Yinfei. Damage behaviors of self-compacting concrete and prediction model under coupling effect of salt freeze-thaw and flexural load [J]. Construction and Building Materials, 2016, 119: 241-250.

[96] 南雪丽，王超杰，刘金欣，等．冻融循环和氯盐侵蚀耦合条件对聚合物快硬水泥混凝土抗冻性的影响［J］．材料导报，2017，31（23）：177-181.

[97] Yin Shiping, Jing Lei, Yin Mengti, et al. Mechanical properties of textile reinforced concrete under chloride wet-dry and freeze-thaw cycle environments [J]. Cement and Concrete Composites, 2019, 96: 118-127.

[98] 郝潞岑，刘元珍，高宇璇，等．氯盐侵蚀和冻融循环耦合作用下保温混凝土的耐久性［J］．广西大学学报（自然科学版），2018，43（4）：1562-1568.

[99] Chen Jing, Jiang Yi, Chen Jiang, et al. Study on the critical molar ratio of corrosion resistance of concrete under the coupling action of carbonation and chloride [C]. Proceedings of the 2016 International Forum on Energy, Environment and Sustainable Development, 2016: 724-727.

[100] Zhang He, Tang Shengwei, Zhao Geshe, et al. Comparison of three and one dimensional attacks of freeze-thaw and carbonation for concrete samples [J]. Construction and Building Materials, 2016, 127: 596-606.

[101] 李根峰，邹欲晓，薛慧君，等．风积沙掺量对冻融-碳化耦合作用下混凝土耐久性的影

响 [J]. 农业工程学报, 2019, 35 (2): 161-167.

[102] 赵长勇, 马志鸣. 冻融-氯盐耦合作用下整体防水混凝土耐久性试验研究 [J]. 混凝土, 2016 (9): 12-15, 20.

[103] 李爽, 田斌, 卢晓春, 等. 硫酸盐侵蚀与冻融循环耦合作用下碾压混凝土层面抗剪强度研究 [J]. 人民珠江, 2018, 39 (12): 92-96.

[104] 杜鹏. 多因素耦合作用下混凝土的冻融损伤模型与寿命预测 [D]. 北京: 中国建筑材料科学研究总院, 2014.

[105] 王仁远. 风沙吹蚀与冻融耦合下浮石混凝土破坏机理及寿命预测研究 [D]. 内蒙古: 内蒙古农业大学, 2018.

[106] 冯忠居, 陈思晓, 徐浩, 等. 基于灰色系统理论的高寒盐沼泽区混凝土耐久性评估 [J]. 交通运输工程学报, 2018, 18 (6): 18-26.

[107] 龙广成, 杨振雄, 白朝能, 等. 荷载-冻融耦合作用下充填层自密实混凝土的耐久性及损伤模型 [J]. 硅酸盐学报, 2019, 47 (7): 855-864.

[108] 雷斌, 李召行, 邹俊, 等. 荷载与腐蚀冻融耦合作用下再生混凝土耐久性能试验 [J]. 农业工程学报, 2018, 34 (20): 169-174.

[109] 马宏强, 易成, 朱红光, 等. 煤矸石集料混凝土抗压强度及耐久性能 [J]. 材料导报, 2018, 32 (14): 2390-2395.

[110] 李国平, 胡皓, 任才, 等. 桥梁混凝土结构接缝的耐久性能 [J]. 土木工程学报, 2018, 51 (7): 98-103.

[111] 王琳. 建筑工程混凝土的耐久性能及其结构设计 [J]. 混凝土, 2018(6): 132-135, 140.

[112] 贺鹏飞. 混凝土碳化研究进展 [C] //《工业建筑》编委会、工业建筑杂志社有限公司.《工业建筑》2018 年全国学术年会论文集 (上册). 工业建筑杂志社, 2018: 6.

[113] Guo Yanjia, Zhu Li, Liu Yuanzhen, et al. Carbonation experimental study on thermal insulation glazed hollow bead concrete [J]. Advanced Materials Research, 2013, 639: 325-328.

[114] Liu Qingtu, Zhong Heshui, Xu Wenbing, et al. Effects of restraint condition on carbonation of concrete containing expansive agent [J]. Advanced Materials Research, 2011, 378: 147-150.

[115] 韩建德, 孙伟, 潘钢华. 混凝土碳化反应理论模型的研究现状及展望 [J]. 硅酸盐学报, 2012, 40 (8): 1143-1153.

[116] 章国成, 杨利伟, 王天稳. 混凝土碳化深度预测模型的对比分析 [J]. 建筑技术开发, 2005, 3: 81-82.

[117] 许丽萍, 黄士元. 预测混凝土中碳化深度的数学模型 [J]. 上海建材学院学报, 1997 (12): 437.

[118] 邸小坛, 周燕. 混凝土碳化规律的研究 [R]. 北京: 中国建筑科学研究院结构所, 1994.

[119] Mehta P K. Concrete technology at the crossroads—problems and opportunities. Concrete technology-past, present and future, proceeding of V. M. Malhotra symposium [J]. Advances in

Materials Science and Engineering，1994：144.
[120] 龚洛书．轻骨料混凝土碳化及对钢筋保护作用的试验研究报告［M］. 北京：中国建筑工业出版社，1990.
[121] 许丽萍，黄士元．预测混凝土中碳化深度的数学模型［J］. 上海建材学院学报，1991（4）：347-357.
[122] Nagataki S，Mansur M A，Ohga H. Carbonation of mortar in relation to ferrocement construction[J]. ACI Materials Journal，1988（2）：17-25.
[123] 牛荻涛，石玉钗，雷怡生，等．混凝土碳化的概率模型及碳化可靠性分析［J］. 西安建筑科技大学学报，1995，27（3）：252-256.
[124] Papadakis V G，Vayenas C G，Fardis M N. Experimental investigation and mathem-atical modeling of the concrete carbonation problem［J］. Chemical Engineering Science，1991（46）：1333-1338.
[125] 阿列克谢耶夫．钢筋混凝土结构中钢筋腐蚀与保护［M］. 北京：中国建筑工业出版社，1983.
[126] 李浩，施养杭．混凝土碳化深度预测模型的比对与分析［J］. 华侨大学学报（自然科学版），2007（2）：192-195.
[127] 牛荻涛，董振平，浦聿修．预测混凝土碳化深度的随机模型［J］. 工业建筑，1999（9）：43-47.
[128] 屈文俊，陈道普．混凝土碳化的随机模型［J］. 同济大学学报（自然科学版），2007（5）：577-581.
[129] 孙炳全，刘国志，刘玉莲．混凝土碳化灰色预测模型研究［J］. 建筑材料学报，2012，15（1）：42-47，115.
[130] 张誉，蒋利学．基于碳化机理的混凝土碳化深度实用数学模型［J］. 工业建筑，1998（1）：16-19.
[131] 金伟良，鄢飞．混凝土碳化指数的概率模型［J］. 混凝土，2001（1）：35-37.
[132] Collepadri M，Macrialis A，Turrizzani R. Penetration of chloride ions into cement pastes and concretes［J］. Journal of American Ceramic Society，1972，55（10）：534-535.
[133] Siryavanshi A K，Swamy R N，Cradew G E. Estimation of diffusion coefficients for chloride ion penetration into structural concrete［J］. Materials Journal，2002，99（5）：441-449.
[134] Mejlborl. The complete solution of Fick's second law of diffusion with time-dependent diffusion coefficient and surface concentration［R］. Durability of concrete in saline environment. Danderyd cement AB danderyd Sweden：1996.
[135] Mangat P S，Limbaehiya M C. Effect of initial curing on chloride diffusion in concrete repair materials［J］. Cement and Concrete Research，1999，29（9）：1475-1485.
[136] 余红发，孙伟．混凝土氯离子扩散理论模型［J］. 东南大学学报（自然科学版），2006（S2）：68-76.
[137] 朱方之，赵铁军，王振波，等．基于冻融损伤和表面剥落的氯离子扩散模型修正与应用［J］. 建筑材料学报，2015，18（6）：1065-1069.

[138] 蒋金洋，孙伟，王晶，等. 弯曲疲劳载荷作用下结构混凝土抗氯离子扩散性能［J］. 东南大学学报，2010，40（3）：362.

[139] 关宇刚. 单一和多重破坏因素作用下高强混凝土的寿命评估［D］. 南京：东南大学，2002.

[140] Kachanov L M. Rupture time under creep conditions［J］. International Journal of Fracture，1999，97（1）：11-18.

[141] 李杰，吴建营. 混凝土弹塑性损伤本构模型研究Ⅰ：基本公式［J］. 土木工程学报，2005，38（9）：14-20.

[142] Najar J. Brittle residual strain and continuum damage at variable uniaxial loading［J］. International Journal of Damage Mechanics，1994，3（3）：260-276.

[143] Faria R，Oliver J，Cervera M. A strain-based plastic viscous-damage model for massive concrete structures［J］. International Journal of Solids and Structures，1998，35（14）：1533-1558.

[144] 安占义，李谦，曹鹏杰，等. 混凝土确定性损伤模型和随机性损伤模型概述［J］. 四川建材，2013，39（4）：26-27，29.

[145] 曹双寅. 受腐蚀混凝土的力学性能［J］. 东南大学学报，1991，21（4）：89-95.

[146] 王海彦，仇文革，杜立峰，等. 隧道衬砌混凝土抗硫酸盐侵蚀耐久寿命预测模型研究［J］. 现代隧道技术，2014，51（3）：91-97.

[147] 蒋明镜，廖兆文，张宁. 混凝土硫酸盐侵蚀离散元模拟初探［J］. 水利学报，2014，45（S2）：1-7.

[148] Glasser F P，Marchand J，Samson E. Durability of concrete degradation phenomena involving detrimental chemical reactions［J］. Cement and Concrete Research，2008，38（2）：226-246.

[149] Sun C，Chen J K，Zhu J，et al. A new diffusion model of sulfate ions in concrete［J］. Construction and Building Materials，2013，39（1）：39-45.

[150] Kimberly E Kurtis，Paulo J M Monteiro，Samer M. Madanat. Empirical models to predict concrete expansion caused by sulfate attack［J］. ACI Materials Journal，2000，97（2）：156.

[151] Clifton J R，Ponnersheim J M. Sulfate attack of cementitious materials：Volumetric relations and expansions［R］. NISTIR5390，Building and Fire Research Laboratory，National Institute of Standards and Technology Gaithersburg，2011.

[152] Krajcinovic D. Chemo-micromechanics of brittle solids［J］. Journal of the Mechanics and Physics of Solids，1992，40（5）：965-990.

[153] Casanova I，Agullo L，Aguado A. Aggregate expansivity due to sulfide oxidation - Ⅰ. Reaction system and rate model［J］. Cement and Concrete Research，1992，27（11）：1627-1632.

[154] Marchand J. Theoretical analysis of the effect of weak sodium sulfate solutions on the durability of concrete［J］. Cement and Concrete Composites，2002，24（3-4）：317-329.

[155] Gospodinov，Peter N. Numerical simulation of 3D sulfate ion diffusion and liquid push out of the material capillaries in cement composites［J］. Cement and Concrete Research，2005

(35): 520-526.

[156] 杜应吉，李元婷．高性能混凝土抗硫酸盐侵蚀耐久寿命预测初探 [J]．西北农林科技大学学报（自然科学版），2004（12）：100-102.

[157] Andrea Boddy, Evan Bentz, Thomas M D A, et al. An over-view and sensitivity study of a multi-mechanistic chloride transport model [J]. Cement and Concrete Research, 1999 (29): 827.

[158] Amey S L, Johnson D A, Miltenberger M A. Prediction service life of concrete marine structure: An environment methodology [J]. ACI Structural Engineering and Mechanics, 1998, 95 (2): 205.

[159] 余红发，孙伟，鄢良慧，等．混凝土服役寿命预测方法的研究Ⅰ-理论模型 [J]．硅酸盐学报，2002，30（6）：686-690.

[160] 余红发，孙伟，鄢良慧，等．混凝土服役寿命预测方法的研究Ⅱ-模型验证与应用 [J]．硅酸盐学报，2002，30（6）：691-695.

[161] 余红发，孙伟，鄢良慧，等．混凝土服役寿命预测方法的研究Ⅲ-混凝土服役寿命的影响因素及混凝土寿命评价 [J]．硅酸盐学报，2002，30（6）：696-701.

[162] 黄涛．混凝土耐久性研究现状和研究方向浅析 [J]．河南建材，2018（5）：145，147.

[163] 陈友治，徐瑛．冶金车间钢混结构的化学侵蚀性破坏 [J]．材料保护，2001（3）：41-42.

[164] 袁群，何芳婵，李杉．混凝土碳化理论与研究 [M]．郑州：黄河水利出版社，2009.

[165] Liu Wei, Li Xing, Sun Dianqing, et al. Nuclear magnetic resonance logging [M]. Beijing: Petroleum Industry Press, 2011.

[166] Wu Zhongwei, Lian Huizhen. High performance concrete [M]. Beijing: China Railway Press, 1999: 50-200.

[167] 薛慧君，申向东，王仁远，等．风沙冲蚀与干湿循环作用下风积沙混凝土抗氯盐侵蚀机理 [J]．农业工程学报，2017，33（18）：118-126.

[168] Hao Yunhong, Feng Yujiang, Fan Jincheng. Experimental study into erosion damage mechanism of concrete materials in a wind-blown sand environment [J]. Construction and Building Materials, 2016, 111: 662-670.

[169] 李昂，张鸣，陈映全，等．西北风蚀区种植甘草对农田土壤质地及碳、氮含量的影响 [J]．水土保持学报，2016，30（5）：286-296.

[170] 贺志霖，俎瑞平，屈建军，等．我国北方工业弃渣风蚀的风洞实验研究 [J]．水土保持学报，2014，28（4）：29-65.

[171] 马洋，王雪芹，张波，等．风蚀和沙埋对塔克拉玛干沙漠南缘骆驼刺水分和光合作用的影响 [J]．植物生态学报，2014，38（5）：491-498.

[172] 李根峰，申向东，吴俊臣，等．风积沙混凝土收缩变形的试验研究 [J]．硅酸盐通报，2016，35（4）：1213-1218.

[173] Supaporn Wansom, Sirirat Janjaturaphan, Sakprayut Sinthupinyo. Pozzolanic activity of rice husk ash: Comparison of various electrical methods [J]. International Journal of Metals, Ma-

terials and Minerals, 2009, 19 (2): 1-10.

[174] Villar-Cociña E, Morales E V, Santos S F, et al. Pozzolanic behavior of bamboo leaf ash: Characterization and determination of the kinetic parameters [J]. Cement and Concrete Composites, 2011, 33 (1): 68-73.

[175] Davidovits J. Geopolymer chemistry and sustainable development. The poly (sialate) terminology: A very useful and simple model for the promotion and understanding of green-chemistry [C]. Proceedings of 2005 Geopolymer Conference, 2005, 1: 9-15.

[176] ASTM. ASTM C-125 standard terminology relating to concrete and concrete aggregates [S]. US: ASTM, 2007.

[177] Takemoto K, Uchiwaka H. Hydration of pozzolanic cement [C]. Paris, 7th International Congress on the Chemistry of Cement, 1980: 1-29.

[178] Shi Caijun. Activation of reactivity of natural pozzolan, fly ashes and slag [D]. Canada: University of Calgary, 1992.

[179] Her R K. The chemistry of silica-solubility, polymerization, colloid and surface properties and biochemistry [M]. New York: A Wiley-Interscience Publication, 1979.

[180] Tang M, Han S. Effect of $Ca(OH)_2$ on alkali-silica reaction [J]. Journal of Chinese Silica Society, 1981, 2: 160-166.

[181] Samet B, Mnif T, Chaabouni M. Use of a kaolinitic clay as a pozzolanic material for cements: Formulation of blended cement [J]. Cement and Concrete Composites, 2007, 29: 741-749.

[182] Frías M, Villar-Cociña E, Valencia-Morales E. Characterisation of sugar cane straw waste as pozzolanic material for construction: Calcining temperature and kinetic parameters [J]. Waste Management, 2007, 27 (4): 533-538.

[183] Yuya Yoda, Yutaka Aikawa, Etsuo Sakkai. Analysis of the hydration reaction of the portland cement composition based on the hydration equation [J]. Journal of the Ceramic Society of Japan, 2017, 125: 130-134.

[184] Denis Damidot, Christine Lors. Mutual interation between hydration of portland cement and sturacture and stoichiometry of hydrated calsium silicate [J]. Journal of the Chinese Ceramic Society, 2015, 43 (10): 1324-1330.

[185] Wang Qiang, Li Mengyuan, Shi Mengxiao. Hydration properties of cement-steel slag-ground gyanulated blast furnace slag complex binder [J]. Journal of the Chinese Ceramic Society, 2014, 42 (5): 629-634.

[186] Wang Qiang, Yan Peiyu. Early hydration characteristics and paste structure of complex binding materal containing high-volume steel slag [J]. Journal of the Chinese Ceramic Society, 2008 (10): 1406-1410, 1416.

[187] Wang Peiming, Zhao Piqi, Liu Xianping. Quantitative analysis of cement clinker by rietveld refinement method [J]. Journal of Building Materals, 2015, 18 (4): 692-698.

[188] Chen Yaozhong, Lü Xiaoying, Liu Gendi. Degradability and biomineralizationa bility of Portland cement in simulated body fluid [J]. Journal of Southeast University (Natural Science

Edition), 2014, 44 (2): 328-332.

[189] Kang Xiaopeng, Lu Duyou, Xu Zhongzi. Coexistence of alkali silica reaction and delayed ettringite formation in a cracked high performance concrete element [J]. Journal of the Chinese Ceramic Society, 2016, 44 (8): 1091-1097.

[190] Liu Wei, Li Xing, Sun Dianqing, et al. Nuclear magnetic resonance logging [M]. Beijing: Petroleum Industry Press, 2011.

[191] Wu Zhongwei, Lian Huizhen. High performance concrete [M]. Beijing: China Railway Press, 1999: 50-200.

[192] Tyrologou Pavlos, Dudeney Alvan William L, Grattoni C A. Evolution of porosity in geotechnical composites [J]. Magnetic Resonance Imaging, 2005, 23 (6): 765-768.

[193] Cano-Barrita, Castellanos, Ramírez-Arellanes, et al. Monitoring compressive strength of concrete by nuclear magnetic resonance, ultrasound, and rebound hammer [J]. Aduances in Materials Science and Engineering, 2015, 112 (1): 147-154.

[194] Yu Anming, Yao Wu, Yuan Wancheng. Evolution of distribution and content of water in cement paste by low field nuclear magnetic resonance [J]. Journal of Central South University, 2013, 20: 1109-1114.

[195] Tian Huihui, Wei Changfu, Wei Houzhen, et al. An NMR-based analysis of soil-water characteristics [J]. Applied Magnetic Resonance, 2014, 45: 49-61.

[196] 贾海梁，项伟，谭龙，等. 砂岩冻融损伤机制的理论分析和试验验证 [J]. 岩石力学与工程学报，2016，35 (5): 879-895.

[197] 姚贤华，冯忠居，管俊峰，等. 复合盐浸下多元外掺剂混凝土抗干湿-冻融循环性能 [J]. 复合材料学报，2018，35 (3): 690-698.

[198] Powers T C. Void spacing for producing air entertainedconcrete [J]. Journal of American Concrete Institute, 1954, 50 (12): 741-760.

[199] 孙伟. 现代结构混凝土耐久性评价与寿命预测 [M]. 北京: 中国建筑工业出版社，2015.

[200] 申向东，张玉佩，王丽萍，等. 混凝土预制板衬砌梯形断面渠道的冻胀破坏受力分析 [J]. 农业工程学报，2012，28 (16): 80-85.

[201] Tyrologou Pavlos, Dudeney Alvan William L, Grattoni C A. Evolution of porosity in geotechnical composites [J]. Magnetic Resonance Imaging, 2005, 23 (6): 765-768.

[202] 余红发，孙伟，麻海燕，等. 冻融和腐蚀因素作用下混凝土的损伤劣化参数分析 [J]. 建筑科学与工程学报，2011，28 (4): 1-8.

[203] 周科平，胡振襄，李杰林，等. 基于核磁共振技术的大理岩卸荷损伤演化规律研究 [J]. 岩石力学与工程学报，2014，33 (S2): 3523-3530.

[204] 何雨丹，毛志强，肖立志，等. 核磁共振 T2 分布评价岩石孔径分布的改进方法 [J]. 地球物理学报，2005，48 (2): 373-378.

[205] 程晶晶，吴磊，宋公仆. 基于 SVD 和 BRD 的二维核磁共振测井正则化反演算法研究 [J]. 地球物理学报，2014，57 (10): 3453-3465.

[206] 周科平，李杰林，许玉娟，等．基于核磁共振技术的岩石孔隙结构特征测定［J］．中南大学学报（自然科学版），2012，43（12）：4796-4800.

[207] 周科平，李杰林，许玉娟，等．冻融循环条件下岩石核磁共振特性的试验研究［J］．岩石力学与工程学报，2012，31（4）：731-737.

[208] Wang Xiaoxiao, Shen Xiangdong, Wang Hailong, et al. Nuclear magnetic resonance analysis of concrete-lined channel freeze-thaw damage [J]. Journal of the Ceramic Society of Japan, 2015, 123 (1): 43-51.

[209] 张俊芝，吕萌，方赵峰，等．基于核磁共振的粉煤灰混凝土水和气体渗透性与孔结构的研究［J］．南昌工程学院学报，2018，37（6）：63-70.

[210] 焦华喆，韩振宇，陈新明，等．玄武岩纤维对喷射混凝土力学性能及微观结构影响机制［J］．复合材料学报，2019，36（8）：1926-1934.

[211] 吴中伟，廉慧珍．高性能混凝土［M］．北京：中国铁道出版社，1999：50-200.

[212] 余红发．盐湖地区高性能混凝土的耐久性、机理与服役寿命预测方法［D］．南京：东南大学，2004.

[213] Benchaa B, Lakhdar A, El-Hadj K, et al. Effect of fine aggregate replacement with desert dune sand on fresh properties and strength of self-compacting mortars [J]. Journal of Adhesion Science and Technology, 2014, 28 (21): 2182-2195.

[214] 秦力，丁婧楠，朱劲松．高掺量粉煤灰和矿渣高强混凝土抗渗性和抗冻性试验［J］．农业工程学报，2017，33（6）：133-139.

[215] 肖旻，王正中，刘铨鸿，等．开放系统预制混凝土梯形渠道冻胀破坏力学模型及验证［J］．农业工程学报，2016，32（19）：100-105.

[216] Powers T C. The mechanisms of frost action in concrete (Durability of concrete, SP-8) [R]. Advanced Concrete Technology, 1965: 42-47.

[217] 刘旭东，王正中，闫长城，等．基于数值模拟的双层薄膜防渗衬砌渠道抗冻胀机理探讨［J］．农业工程学报，2011，27（1）：29-35.

[218] Duan Hanchen, Wang Tao, Xue Xian, et al. Dynamics of aeolian desertification and its driving forces in the Horqin sandy land, Norhern China [J]. Environmental Monitoring and Assessment, 2014, 186 (10): 6083-6096.

[219] Kakali G, Perraki T, Tsivilis S, et al. Thermal treatment of kaolin: The effect of mineralogy on the pozzolanic activity [J]. Applied Clay Science, 2001, 20 (1): 73-80.

[220] Armesto L, Merino J L. Characterization of some coal combustion solid residues [J]. Fuel, 1999, 78 (5): 613-618.

[221] Palomo A, Glasser F P. Chemically-bonded cementious materials based on metakaolin [J]. British Ceramic Transactions and Journal, 1992, 91: 107-112.

[222] Powers T C. Void spacing for producing air entertained concrete [J]. Journal of American Concrete Institute, 1954, 50 (12): 741-760.

[223] Bergmans Jef, Nielsen Peter, Snellings Ruben, et al. Recycling of autoclaved aerated concrete in floor screeds: Sulfate leaching reduction by ettringite formation [J]. Construction

and Building Materials, 2016, 111: 9-14.

[224] 何雨丹，毛志强，肖立志，等．核磁共振 T2 分布评价岩石孔径分布的改进方法［J］. 地球物理学报，2005（2）：373-378.

[225] 钱觉时，余金城，孙化强，等．钙矾石的形成与作用［J］. 硅酸盐学报，2017，45（11）：1569-1581.

[226] Jin Zuquan, Sun Wei, Zhang Yunsheng, et al. Interaction between sulfate and chloride solution attack of concretes with and without fly ash [J]. Cement and Concrete Research, 2007, 37 (8): 1223-1232.

[227] 刘明辉，贾思毅，丁晓等．弯曲荷载作用下硫酸钙晶须混凝土碳化研究［J］．土木工程学报，2020，53（12）：66-73.

[228] Castellote M, Andrade C, Turrillas X, et al. Accelerated carbonation of cement pastes in situ monitored by neutron diffraction [J]. Cement and Concrete Research, 2008, 38: 1365-1373.

[229] 濮琦，姚燕，王玲，等．碳化混凝土中不同深度处 pH 值变化规律研究［J］. 新型建筑材料，2017，44（1）：1-4，33.

[230] 朱洪波，王培铭，张继东．矿物材料对水泥可溶离子浓度及 pH 值的影响［J］. 武汉理工大学学报，2010，32（10）：6-10.

[231] 肖佳，唐咸燕．低 pH 值硫酸盐侵蚀下矿渣水泥基材料的性能［J］. 中南大学学报（自然科学版），2008（3）：602-607.

[232] 韩建德，孙伟，潘钢华．混凝土碳化反应理论模型的研究现状及展望［J］. 硅酸盐学报，2012，40（8）：1143-1153.

[233] Qian Chunxiang, Li Ruiyang, Luo Mian, et al. Distribution of calcium carbonate in the process of concrete self-healing [J]. Journal of Wuhan University of Technology (Materials Science), 2016 (3): 557-562.

[234] She Anming, Yao Wu, Yuan Wancehng. Evolution of distribution and content of water in cement paste by low field nuclear magnetic resonance [J]. Journal of Central South University, 2013, 20: 1109-1114.

[235] 杜丰音，金祖权，于泳．超高强水泥基材料的力学及耐久性能［J］. 材料导报，2017，31（23）：44-51.

[236] 刘卫，邢立，孙佃庆，等．核磁共振录井［M］. 北京：石油工业出版社，2011.

[237] Tyrologou P, Dudeney A W L, Grattoni C A. Evolution of porosity in geotechnical composites [J]. Magnetic Resonance Imaging, 2005, 23 (6): 765-768.

[238] Cano-Barrita J, Castellanos F, Ramírez-Arellanes S, et al. Monitoring compressive strength of concrete by nuclear magnetic resonance, ultrasound, and rebound hammer [J]. Aci Materials Journal, 2015, 112 (1): 147-154.

[239] Fernández Bertos M, Simons S J R, Hills C D. A review of accelerated carbonation technology in the treatment of cement-based materials and sequestration of CO_2 [J]. Journal of Hazardous Materials, 2004, 112: 193-205.

[240] 李蓓，金南国，田野，等．水泥基材料热-湿-碳化耦合模型数值分析及试验研究［J］．建筑材料学报，2020，23（1）：145-149.

[241] 查晓雄，王海洋，冯甘霖．超临界碳化对水泥基材料性能和孔径结构的影响［J］．哈尔滨工业大学学报，2014，46（11）：52-57.

[242] Gerdes A，Wittmann F H. 复碱化混凝土孔溶液的 pH 值（英文）［J］．建筑材料学报，2003（2）：111-117.

[243] 刘赞群，邓德华，Geert De Schutter，等．"混凝土硫酸盐结晶破坏"微观分析（Ⅱ）—混凝土［J］．硅酸盐学报，2012，40（5）：631-637.

[244] 刘赞群，邓德华，Geert De Schutter，等．"混凝土硫酸盐结晶破坏"微观分析（Ⅰ）—水泥净浆［J］．硅酸盐学报，2012，40（2）：186-193.

[245] Liu Zhichao，Wang Hansen. Freezing characteristics of air-entrained concrete in the presence of deicing salt［J］. Cement and Concrete Research，2015，74：10-18.

[246] Lesti M，Tiemeyer C，Plank J. CO_2 stability of Portland cement based well cementing systems for use on carbon capture and storage（CCS）wells［J］. Cement and Concrete Research，2013，45：45-54.

[247] Castellote M，Andrade C，Turrillas X，et al. Accelerated carbonation of cement pastes in situ monitored by neutron diffraction［J］. Cement and Concrete Research，2008，38：1365-1373.

[248] 管学茂，刘松辉，张海波，等．低钙硅酸盐矿物碳化硬化性能研究进展［J］．硅酸盐学报，2018，46（2）：263-267.

[249] Yang T，Keller B，Magyari E，et al. Direct observation of the carbonation process on the surface of calcium hydroxide crystals in hardened cement paste using an atomic force microscope［J］. Journal of Material Science，2003，38：1909-1916.

[250] Duong V，Sahamitmongkol R，Tangtermsirikul S. Effect of leaching on carbonation resistance and steel corrosion of cement-based materials［J］. Construction and Building Materials，2013，40：1065-1066.

[251] Maciej Zajac，Pawel Durdzinski，Christopher Stabler. Influence of calcium and magnesium carbonates on hydration kinetics，hydrate assemblage and microstructural development of metakaolin containing composite cements［J］. Cement and Concrete Research，2018，106：91-102.

[252] Zeynep Başaran Bundur，Ali Amiri，Yusuf Cagatay Ersan. Impact of air entraining admixtures on biogenic calcium carbonate precipitation and bacterial viability［J］. Cement and Concrete Research，2017，98：44-49.

[253] Harbec D，Zidol A，Tagnit-Hamou A. Mechanical and durability properties of high performance glass fume concrete and mortars［J］. Construction and Building Materials，2017，134：142-156.

[254] Mieke De Schepper，Philip Van den Heede，Eleni C Arvaniti. Sulfates in completely recyclable concrete and the effect of $CaSO_4$ on the clinker mineralogy［J］. Construction and

Building Materials，2017，137：300-306.

[255] Binglin Guo，Keiko Sasaki，Tsuyoshi Hirajima. Selenite and selenate uptaken in ettringite：Immobilization mechanisms，coordination chemistry，and insights from structure [J]. Cement and Concrete Research，2017，100：166-175.

[256] Mehdi Rashidi，Alvaro Paul，Jin-Yeon Kim. Insights into delayed ettringite formation damage through acoustic nonlinearity [J]. Cement and Concrete Research，2017，95：1-8.

[257] Niyazi Özgür Bezgin. High performance concrete requirements for prefabricated high speed railway sleepers [J]. Construction and Building Materials，2017，138：340-351.

[258] Tang Shengwei，Yao Yu，Andrade Z Li. Recent durability studies on concrete structure [J]. Cement and Concrete Research，2015，78：143-154.

[259] Tang Shengwei，Cai Xiuhua，Zhang He，et al. The review of pore structure evaluation in cementitious materials by electrical methods [J]. Construction and Building Materials，2016，117：273-284.

[260] De J Cano-Barrita，Castellanos F，Ramírez-Arellanes S，et al. Monitoring compressive strength of concrete by nuclear magnetic resonance，ultrasound，and rebound hammer [J]. ACI Materials Journal，2015，112：147-154.

[261] Juan Pablo Gevaudan，Kate M Campbell，Tyler J Kane，et al. Mineralization dynamics of metakaolin-based alkali-activated cements [J]. Cement and Concrete Research，2017，94：1-12.

[262] Bede Andrea，Scurtu Alexandra，Ardelean Ioan. NMR relaxation of molecules confined inside the cement paste pores under partially saturated conditions [J]. Cement and Concrete Research，2016，89：56-62.

[263] Korb J P. Multiscale nuclear magnetic relaxation dispersion of complex liquids in bulk and confinement [J]. Progress in Nuclear Magnetic Resonance Spectroscopy，2018，104：12-55.

[264] Michael Witty，Nin N Dingra，Khalil A. Abboud，nuclear magnetic resonance and X-ray crystallography to improve struvite determination [J]. Analytical Letters，2017，50：2549-2559.

[265] Juan Pablo Gevaudan，Kate M Campbell，Tyler J Kane. Mineralization dynamics of metakao lin-based alkali-activated cements [J]. Cement and Concrete Research，2017，94：1-12.

[266] 金伟良，赵羽习．混凝土结构耐久性 [M]. 北京：科学技术出版社，2002.

[267] 邓聚龙．灰色系统的群——灰色群 [J]. 华中工学院学报，1983（5）：15-24.

[268] 邓聚龙．灰色系统综述 [J]. 世界科学，1983（7）：1-5.

[269] 中国工程院土木水利与建筑学部工程结构安全性与耐久性研究咨询项目组．混凝土结构耐久性设计与施工指南 [M]. 北京：中国建筑工业出版社，2004.

[270] 刘思峰．灰色系统理论及其应用 [M]. 7版．北京：科学出版社，2014.

[271] 吴利丰，高晓辉，付斌，等．灰色GM(1，1) 模型研究综述 [J]. 数学的实践与认识，2017，47（15）：227-233.

[272] 杨保华，张忠泉．倒数累加生成灰色GRM(1，1) 模型及应用 [J]. 数学的实践与认

识，2003（10）：21-26.

[273] 钱吴永，党耀国，王叶梅．加权累加生成的 GM(1，1) 模型及其应用 [J]. 数学的实践与认识，2009，39（15）：47-51.

[274] Yaoguo D，Sifeng L，Kejia C. The GM models that $x(n)$ be taken as initial value [J]. Kybernetes，2004，33（2）：247-254.

[275] 姚天祥，刘思峰，党耀国．初始值优化的离散灰色预测模型 [J]. 系统工程与电子技术，2009，31（10）：2394-2398.

[276] 周世健，赖志坤，藏德彦，等．加权灰色预测模型及其计算实现 [J]. 武汉大学学报（信息科学版），2002（5）：451-455.

[277] Lee Yi-shian，Tong Lee-Ing. Forecasting energy consumption using a grey model improved by incorporating genetic programming [J]. Energy Conversion and Management，2011，52（1）：147-152.

[278] 丁松，党耀国，徐宁，等．非等间距 GM(1，1) 模型性质及优化研究 [J]. 系统工程理论与实践，2018，38（6）：1575-1585.

[279] 郭金海，杨锦伟，李军亮，等．基于向量变换的离散 GM(1，1) 模型病态性 [J]. 控制与决策，2017，32（1）：181-186.

[280] 杨雪晴，邓承继，祝洪喜，等．基于灰色系统理论的高铝砖孔结构与强度的相关性 [J]. 硅酸盐学报，2017，45（6）：887-892.

[281] 苏金玲，杨云峰．基于灰色系统理论的高速公路价值分析 [J]. 中国公路学报，2017，30（5）：139-144.

[282] 宋云飞，邓承继，祝洪喜，等．基于灰色系统理论的多孔镁橄榄石材料孔结构与导热性能的相关性 [J]. 硅酸盐学报，2018，46（3）：449-454.

[283] 薛克敏，吴超，郭威威，等．基于灰色系统理论的隔热件成形优化 [J]. 塑性工程学报，2018，25（3）：30-34.

[284] 柳俊哲．混凝土碳化研究与进展（1）——碳化机理及碳化程度评价 [J]. 混凝土，2005（11）：11-14，24.

[285] 孙炳全，刘国志，刘玉莲．混凝土碳化灰色预测模型研究 [J]. 建筑材料学报，2012，15（1）：42-47，11.

[286] 刘崇熙，汪在芹．坝工混凝土耐久寿命的衰变规律 [J]. 长江科学院院报，2000（2）：18-21.